Horst Hoffmann

Formelsammlung Ausbauberufe

Ausbaufacharbeiter

Estrichleger

Fliesen-/Platten-/Mosaikleger

Maler

Stuckateur

Trockenbaumonteur

Bestell-Nr. 98304
ISBN 978-3-95863-106-9

2. aktualisierte Auflage 2019

Inhaltsverzeichnis

Seite

Seite

Die vorliegende Formelsammlung enthält Formeln, die bei den Zwischen- und Abschlussprüfungen in den Berufen Ausbaufacharbeiter, Estrichleger, Fliesen-, Platten- und Mosaikleger, Maler, Stuckateur und Trockenbaumonteur vorkommen können. Sie wurden auf der Grundlage der in den vergangenen Jahren verwendeten Aufgabensätze zusammengestellt. Durch die Beschränkung auf die Grundformeln wird die Formelsammlung bewusst im Umfang klein gehalten. Damit wird Übersichtlichkeit und schnelle Handhabung erreicht. Sofern nötig, kann der Auszubildende weitergehende Formeln in die Vorlagen auf den Seiten 71 und 72 eintragen.

Die in der Spalte „Einheit“ der Formelsammlung genannten Einheiten sind die in der Praxis am häufigsten vorkommenden Einheiten. Grundsätzlich kann auch mit anderen dezimalen Teilen und Vielfachen der Einheit gerechnet werden.

Vorsätze und Vorsatzzeichen für dezimale Teile und Vielfache							
Ziffernschreibweise	Zahl	Zehnerpotenz	Vorsatz und Vorsatzzeichen in Verbindung mit Einheiten		Beispiel	
1 000 000 000 000	Billion (Bio)	10^{12}	Tera-	T	Terameter	Tm
1 000 000 000	Milliarde (Mrd)	10^{9}	Giga-	G	Gigatonne	Gt
1 000 000	Million (Mio)	10^{6}	Mega-	M	Meganewton	MN
1 000	Tausend (Tsd)	10^{3}	Kilo-	k	Kilogramm	kg
100	Hundert	10^{2}	Hekto-	h	Hektoliter	hl
10	Zehn	10^{1}	Deka-	da	Dekagramm	dag
1	Eins	10^{0}	–	–	Gramm	g
0,1	Zehntel	10^{-1}	Dezi-	d	Dezimeter	dm
0,01	Hunderstel	10^{-2}	Zenti-	c	Zentimeter	cm
0,001	Tausendstel	10^{-3}	Milli-	m	Millimeter	mm
0,000 001	Millionstel	10^{-6}	Mikro-	µ	Mikrometer	µm
0,000 000 001	Milliardstel	10^{-9}	Nano-	n	Nanometer	nm
0,000 000 000 001	Billionstel	10^{-12}	Piko-	p	Pikofarad	pF

Mathematische Zeichen, Zahlenwerte					
Zeichen	Sprechweise, Erläuterung	Zeichen	Sprechweise, Erläuterung	Zeichen	Sprechweise, Erläuterung
$=$	gleich	$\parallel$	parallel	%	Prozent (1 % = 0,01 = 10^{-2})
$\neq$	nicht gleich, ungleich	$\perp$	rechtwinklig (orthogonal)	‰	Promille (1 ‰ = 0,001 = 10^{-3})
$\sim$	proportional	$\sphericalangle$	Winkel	∞	unendlich
$\cong$	kongruent (deckungsgleich)	∟	rechter Winkel	sin	Sinus
$\approx$	nahezu gleich (rund, etwa)	$\overline{AB}$	Strecke AB	cos	Cosinus
$\triangleq$	entspricht	$\overset{\frown}{AB}$	Bogen AB	tan	Tangens
$<$	kleiner als	Σ	Summe	cot	Cotangens
$>$	größer als	Δ	Differenz (Delta), z. B. $\Delta\vartheta$	arc	Arcusfunktion
$\leq$	kleiner oder gleich	$\surd$	Quadratwurzel		(z. B. sin 30° = 0,5;
$\geq$	größer oder gleich	...	bis		arc sin 0,5 = 30°)
		$\varnothing$	Durchmesser	π	Pi (≈ 3,14159265)
				g	Fallbeschleunigung (≈ 9,81)

Griechisches Alphabet								
Groß- und Kleinbuchstabe		Name	Groß- und Kleinbuchstabe		Name	Groß- und Kleinbuchstabe		Name
Α	α	Alpha	Ι	ι	Iota	Ρ	ρ	Rho
Β	β	Beta	Κ	κ	Kappa	Σ	σ	Sigma
Γ	γ	Gamma	Λ	λ	Lambda	Τ	τ	Tau
Δ	δ	Delta	Μ	μ	My	Υ	υ	Ypsilon
Ε	ε	Epsilon	Ν	ν	Ny	Φ	ϕ	Phi
Ζ	ζ	Zeta	Ξ	ξ	Xi	Χ	χ	Chi
Η	η	Eta	Ο	ο	Omikron	Ψ	ψ	Psi
Θ	ϑ	Theta	Π	π	Pi	Ω	ω	Omega

Rechenart	Beispiele
Dreisatz Dreisatzrechnung ist ein Rechenverfahren, mit dem Größen bestimmt werden, die zu anderen in einem direkten oder indirekten Verhältnis stehen. Man arbeitet nicht mit Formeln, sondern gliedert den Rechengang in Sätze.	1. Behauptungssatz (BS) 2. Folgerungssatz (FS) 3. Schlusssatz (SS)
Einfacher, direkter Dreisatz Nimmt eine Größe zu, dann wächst auch die andere. Nimmt eine Größe ab, dann wird auch die andere kleiner.	*Größen nehmen zu* 8,5 t Sand kosten 81,50 €. Was kosten dann 15 t Sand? 1. BS 8,5 t kosten 81,50 € 2. FS 1 t Sand kostet $\frac{81{,}50\text{ €}}{8{,}5}$ 3. SS 15 t Sand kosten $\frac{81{,}50\text{ €} \cdot 15}{8{,}5} = \underline{\underline{143{,}82\text{ €}}}$ *Größen nehmen ab* Eine Lackdose enthielt bei einer Füllhöhe von 25 cm 5 l Lack. Nach Beendigung der Arbeit ist sie noch 10 cm hoch gefüllt. Wie viel Liter Lack wurden für die Arbeit verbraucht? 1. BS 25 cm ≙ 5 l 2. FS 1 cm ≙ $\frac{5\text{ l}}{25}$ 3. SS 25 cm – 10 cm = 15 cm ≙ $\frac{5\text{ l} \cdot 15}{25} = 3\text{ l}$
Einfacher, indirekter Dreisatz Nimmt eine Größe zu, dann nimmt die andere ab. Wird eine Größe kleiner, dann wird die andere größer. Die Größen sind indirekt (umgekehrt) proportional.	*Erste Größe nimmt zu* 5 Maurer benötigen für eine Arbeit 70 Stunden. Wie viele Stunden würden dann 7 Maurer benötigen? 1. BS 5 benötigen 70 h 2. FS 1 benötigt 70 h · 5 3. SS 7 benötigen $\frac{70\text{ h} \cdot 5}{7} = \underline{\underline{50\text{ h}}}$ *Erste Größe nimmt ab* Für eine Baustelle, die in 12 Tagen eingerichtet und in Betrieb gesetzt werden soll, sind 10 Monteure vorgesehen. Auf wie viele Tage würde sich die Inbetriebsetzung verzögern, wenn nur 6 Monteure zur Verfügung stehen? 1. BS 10 benötigen 12 Tage 2. FS 1 benötigt 12 Tage · 10 3. SS 6 benötigen $\frac{12\text{ Tage} \cdot 10}{6} = \underline{\underline{20\text{ Tage}}}$
Zusammengesetzter Dreisatz Es sind mehr als drei Größen gegeben. Dadurch sind mehrere Folge- und Schlusssätze erforderlich.	Ein 4,0-m^2-Al-Blech von 1,6 mm Dicke wiegt 18 kg. Wie viel kg wiegt ein 1,5-m^2-Al-Blech von 1,2 mm Dicke? 1. BS 4,0 m^2 1,6 mm wiegen 18 kg 2. FS1 1,0 m^2 1,6 mm wiegen $\frac{18\text{ kg}}{4{,}0}$ 3. FS2 1,0 m^2 1,0 mm wiegen $\frac{18\text{ kg}}{4{,}0 \cdot 1{,}6}$ 4. SS1 1,0 m^2 1,2 mm wiegen $\frac{18\text{ kg} \cdot 1{,}2}{4{,}0 \cdot 1{,}6}$ 5. SS2 1,5 m^2 1,2 mm wiegen $\frac{18\text{ kg} \cdot 1{,}2 \cdot 1{,}5}{4{,}0 \cdot 1{,}6} = \underline{\underline{5{,}1\text{ kg}}}$

Umrechnung von Einheiten		
Längen:	Faktor 10	1 m = 10 dm = 100 cm = 1 000 mm
Flächen:	Faktor 100	$1\ m^2 = 100\ dm^2 = 10\,000\ cm^2 = 1\,000\,000\ mm^2$
Volumen:	Faktor 1 000	$1\ m^3 = 1\,000\ dm^3 = 1\,000\,000\ cm^3$
Massen	Faktor 1 000	1 t = 1 000 kg = 1 000 000 g
Masse – Kraft	Faktor 10	1 kg = 10 N

Rechnen mit Maßstäben

Maßstab = 1 : n (z. B. 1 : 20)

$$\text{Zeichnungslänge} = \frac{\text{wirkliche Länge}}{n}$$

wirkliche Länge = Zeichnungslänge · n

Prozentrechnen

Grundwert (G) Prozentwert (P) Prozentsatz (p)

$$G = \frac{P \cdot 100\ \%}{p\ (\%)} \qquad P = \frac{G \cdot p\ (\%)}{100\ \%} \qquad p(\%) = \frac{P \cdot 100\ \%}{G}$$

Neigung, Steigung, Gefälle

Steigung, Höhe, Länge

Verhältniszahl (n) (bei Steigung 1 : 4 ist n = 4)

Verhältnis: $n = \frac{L}{H}$ $\qquad H = \frac{L}{n}$ $\qquad L = n \cdot H$

Prozent: $p(\%) = \frac{h \cdot 100}{L}$ $\qquad h = \frac{L \cdot p(\%)}{100}$ $\qquad L = \frac{h \cdot 100}{p(\%)}$

Verschnitt

Fertigmenge + Verschnittmenge = Rohmenge

FM + VM = RM

$$\text{Verschnittzuschlag [\%]} = \frac{\text{Verschnittmenge}}{\text{Fertigmenge}} \cdot 100\ \%$$

$$VZ = \frac{VM}{FM} \cdot 100$$

Skizze	Formelzeichen	Größe	Einheit	Formel
Masse, Volumen, Rohdichte	m	Masse	g, kg, t	Masse = Rohdichte · Volumen
	ϱ	Dichte	$\frac{g}{cm^3}, \frac{kg}{dm^3}, \frac{t}{m^3}$	$m = \varrho \cdot V$
	V	Volumen	cm^3, dm^3, m^3	$\varrho = \frac{m}{V}$
				$V = \frac{m}{\varrho}$
Zugspannung, Druckpannung (F, A)	F	Kraft	N, MN	$\text{Spannung} = \frac{\text{Kraft}}{\text{Fläche}}$
	A	Querschnittsfläche	mm^2, m^2	$\sigma = \frac{F}{A}$
	σ	Zug-(Druck-)spannung	$\frac{N}{mm^2}, \frac{MN}{m^2}$	$A = \frac{F}{\sigma}$
				$F = A \cdot \sigma$

Satz des Pythagoras	Formel
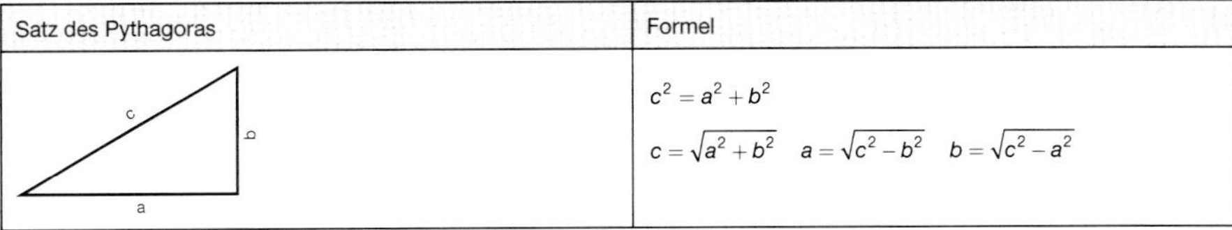	$c^2 = a^2 + b^2$ $c = \sqrt{a^2 + b^2}$ $a = \sqrt{c^2 - b^2}$ $b = \sqrt{c^2 - a^2}$

Wärmetechnische Berechnungen	Formel
Hinweis: für Wärmedurchlasswiderstand (R), Wärmeübergangswiderstand RS und Wärmedurchgangswiderstand RT siehe S. 24	
Wärmedurchgangkoeffizient U	$U = \frac{1}{R_T} = \frac{1}{R_{si} + R + R_{se}} \left[\frac{W}{m^2 \cdot K}\right]$
Wasserdampfdiffusionsäquivalente Luftschichtdicke s_d	$s_d = \mu \cdot s[m]$
Temperaturbedingte Längenänderung von Baustoffen	$\Delta l = \alpha \cdot l_1 \cdot \Delta\theta$
Temperaturdifferenz	$\Delta\theta = \theta_2 - \theta_1$

Strahlensatz	
Werden 2 Strahlen von 2 Parallelen geschnitten, so stehen die Strahlenabschnitte im gleichen Verhältnis wie die Parallelenabschnitte. Merke: Strahlenabschnitte immer vom Ausgangspunkt messen.	
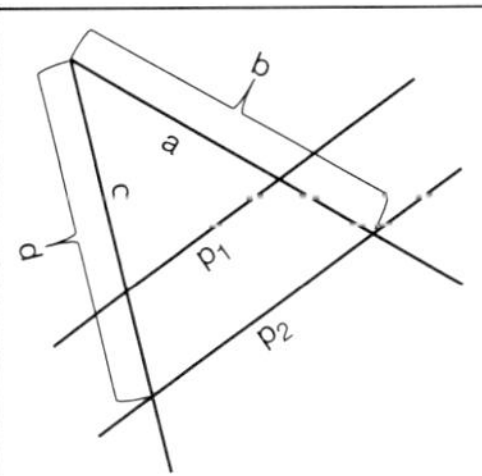	$\frac{a}{b} = \frac{c}{d} = \frac{p_1}{p_2}$
Beispiel Dachgeschossausbau, Berechnung der Abseite: 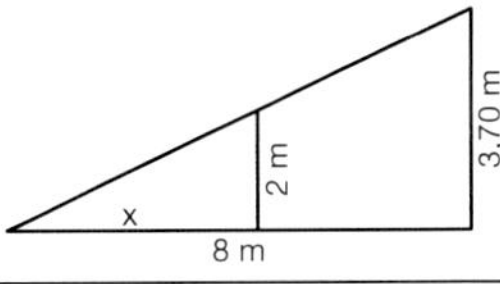	$\frac{x}{8\ cm} = \frac{2\ m}{3{,}70\ m}$ $x = \frac{2\ m \cdot 8\ m}{3{,}70\ m}$

Skizze	Formelzeichen	Größe	Einheit	Formel
Dreieck 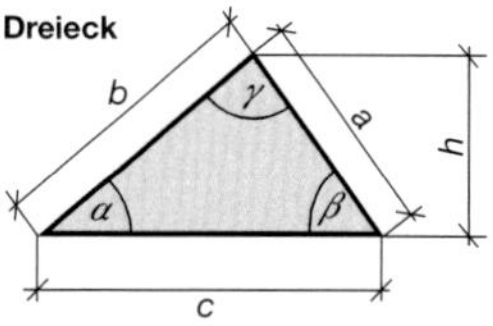	a, b, c h A U α, β, γ	Längen Höhe Fläche Umfang Dreieckswinkel	mm, cm, m mm, cm, m mm^2, cm^2, m^2 mm, cm, m ° (Grad)	$A = \frac{c \cdot h}{2}$ $U = a + b + c$ $\alpha + \beta + \gamma = 180°$
Quadrat 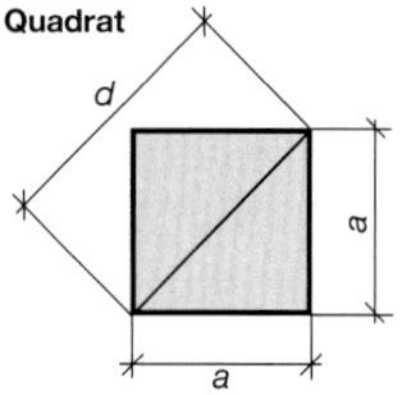	a d A U	Seitenlänge Diagonale Fläche Umfang	mm, cm, m mm, cm, m mm^2, cm^2, m^2 mm, cm, m	$a = \sqrt{A}$ $d = a \cdot \sqrt{2}$ $A = a^2$ $U = 4 \cdot a$
Rechteck 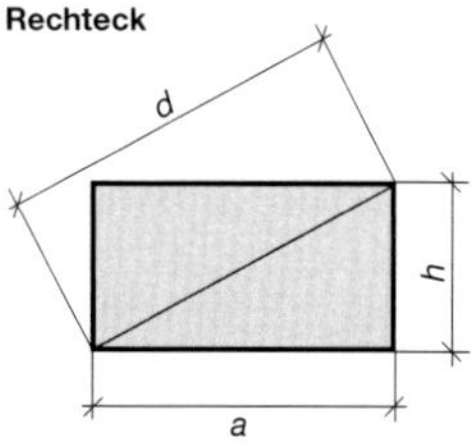	a h d A U	Länge Höhe Diagonale Fläche Umfang	mm, cm, m mm, cm, m mm, cm, m mm^2, cm^2, m^2 mm, cm, m	$a = \sqrt{d^2 - h^2}$ $h = \sqrt{d^2 - a^2}$ $d = \sqrt{a^2 + h^2}$ $A = a \cdot h$ $U = 2 \cdot (a + h)$
Raute (Rhombus) 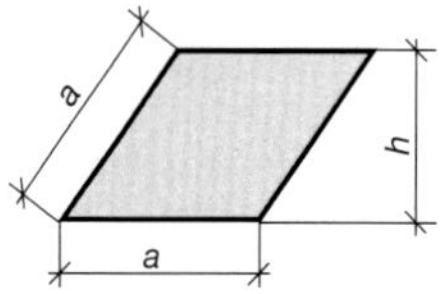	a h A U	Länge Höhe Fläche Umfang	mm, cm, m mm, cm, m mm^2, cm^2, m^2 mm, cm, m	$A = a \cdot h$ $U = 4 \cdot a$
Parallelogramm 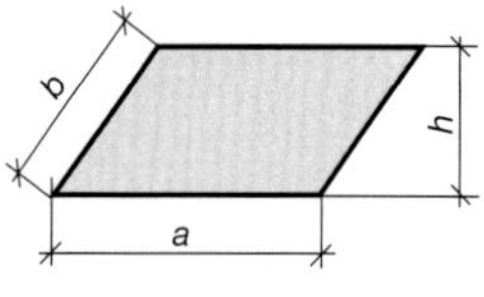	a b h A U	Länge Länge der Schrägseite Höhe Fläche Umfang	mm, cm, m mm, cm, m mm, cm, m mm^2, cm^2, m^2 mm, cm, m	$A = a \cdot h$ $U = 2 \cdot (a + b)$
Trapez 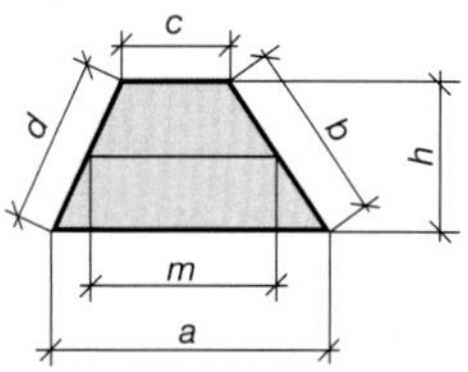	a c b, d m h A U	große Länge kleine Länge Länge der Schrägseiten mittlere Länge Höhe Fläche Umfang	mm, cm, m mm, cm, m mm, cm, m mm, cm, m mm, cm, m mm^2, cm^2, m^2 mm, cm, m	$m = \frac{a + c}{2}$ $A = m \cdot h$ $A = \frac{a + c}{2} \cdot h$ $U = a + b + c + d$

Skizze	Formelzeichen	Größe	Einheit	Formel
Kreis 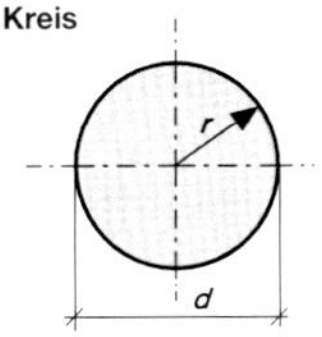	r d A U	Radius Durchmesser Fläche Umfang	mm, cm, m mm, cm, m mm^2, cm^2, m^2 mm, cm, m	$A = \frac{\pi \cdot d^2}{4}$, $A = \pi \cdot r^2$ $r = \frac{d}{2}$ $d = 2 \cdot r$, $d = \sqrt{\frac{4 \cdot A}{\pi}}$ $U = \pi \cdot d$
Kreisbogen 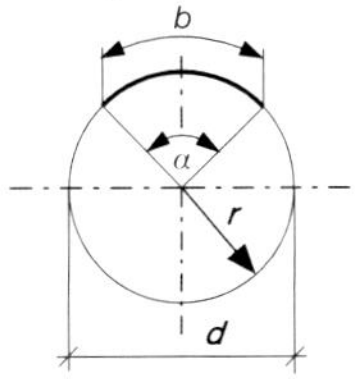	d r α b	Durchmesser Radius Mittelpunktswinkel Bogenlänge	mm, cm, m mm, cm, m ° (Grad) mm, cm, m	$b = \frac{\pi \cdot d \cdot \alpha}{360°}$ $b = \frac{\pi \cdot r \cdot \alpha}{180°}$ $\alpha = \frac{b \cdot 360°}{\pi \cdot d}$ $\alpha = \frac{b \cdot 180°}{\pi \cdot r}$
Kreisausschnitt (Sektor) 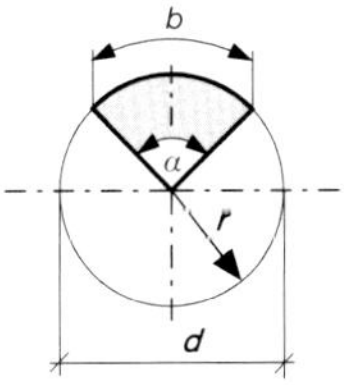	d r b α A	Durchmesser Radius Bogenlänge Mittelpunktswinkel Fläche	mm, cm, m mm, cm, m mm, cm, m ° (Grad) mm^2, cm^2, m^2	$b = \frac{\pi \cdot d \cdot \alpha}{360°}$ $b = \frac{\pi \cdot r \cdot \alpha}{180°}$ $A = \frac{\pi \cdot d^2 \cdot \alpha}{4 \cdot 360°}$ $A = \frac{\pi \cdot r^2 \cdot \alpha}{360°}$ $A = \frac{r \cdot b}{2}$
Kreisring 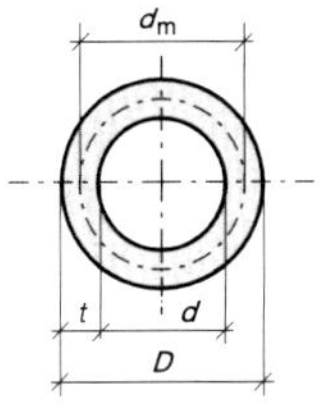	d D d_m t L A	Innendurchmesser Außendurchmesser mittlerer Durchmesser Ringdicke gestreckte Länge Fläche	mm, cm, m mm, cm, m mm, cm, m mm, cm, m mm, cm, m mm^2, cm^2, m^2	$d_m = \frac{d + D}{2}$ $d_m = d + t$ $d_m = D - t$ $L = \pi \cdot d_m$ $A = \frac{\pi}{4} \cdot (D^2 - d^2)$ $A = \frac{\pi}{2} \cdot d_m \cdot t$
Kreisringausschnitt 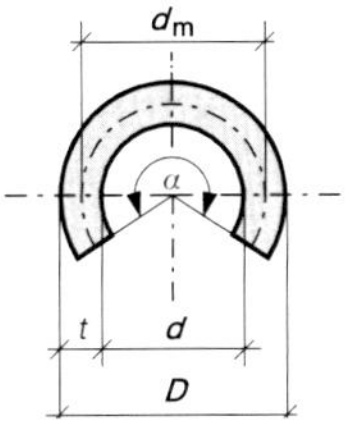	d D d_m t α L A	Innendurchmesser Außendurchmesser mittlerer Durchmesser Ringdicke Innenwinkel gestreckte Länge Fläche	mm, cm, m mm, cm, m mm, cm, m mm, cm, m ° (Grad) mm, cm, m mm^2, cm^2, m^2	$d_m = \frac{d + D}{2}$ $d_m = d + t$ $d_m = D - t$ $L = \frac{\pi \cdot d_m \cdot \alpha}{360°}$ $A = \frac{\pi \cdot d_m \cdot t \cdot \alpha}{360°}$

Skizze	Formelzeichen	Größe	Einheit	Formel
Kreisabschnitt	d	Durchmesser	mm, cm, m	$b = \frac{\pi \cdot d \cdot \alpha}{360°}$
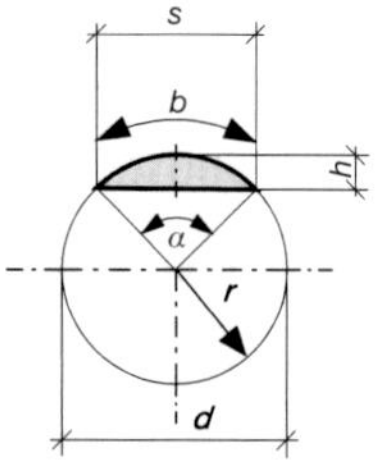	r	Radius	mm, cm, m	$b = \frac{\pi \cdot r \cdot \alpha}{180°}$
	b	Bogenlänge	mm, cm, m	$s = 2 \cdot \sqrt{2 \cdot r \cdot h - h^2}$
	s	Sehnenlänge	mm, cm, m	$r = \frac{s^2}{8 \cdot h} + \frac{h}{2}$
	h	Höhe	mm, cm, m	$r = \frac{4 \cdot h^2 + s^2}{8 \cdot h}$
	α	Mittelpunktswinkel	° (Grad)	$A = \frac{r \cdot b - s \cdot (r - h)}{2}$
	A	Fläche	mm^2, cm^2, m^2	Näherung: $A \approx \frac{2}{3} \cdot s \cdot h$
Regelmäßiges Vieleck	d	Innenkreisdurchmesser	mm, cm, m	$D = \sqrt{d^2 + l^2}$
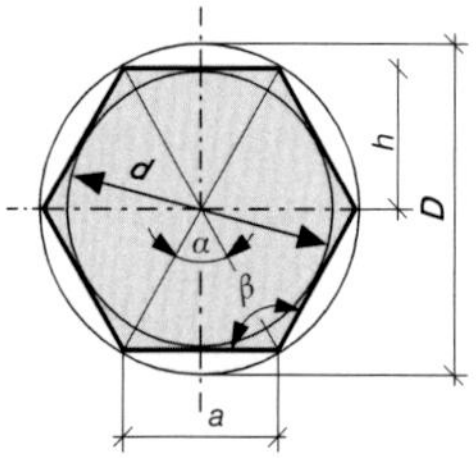	D	Umkreisdurchmesser	mm, cm, m	$a = D \cdot \sin\left(\frac{180°}{n}\right)$
	a	Seitenlänge	mm, cm, m	$\alpha = \frac{360°}{n}$, $\alpha = 180° - \beta$
	h	Höhe	mm, cm, m	$\beta = \frac{(n-2) \cdot 180°}{n}$, $\beta = 180° - \alpha$
	α	Mittelpunktswinkel	° (Grad)	$A = \frac{a \cdot h}{2} \cdot n$
	β	Eckenwinkel	° (Grad)	$A = \frac{a \cdot d}{4} \cdot n$
	n	Eckenzahl	–	$U = a \cdot n$
	A	Fläche	mm^2, cm^2, m^2	
	U	Umfang	mm, cm, m	
Ellipse	d	kleine Achse	mm, cm, m	$A = \frac{\pi \cdot d \cdot D}{4}$
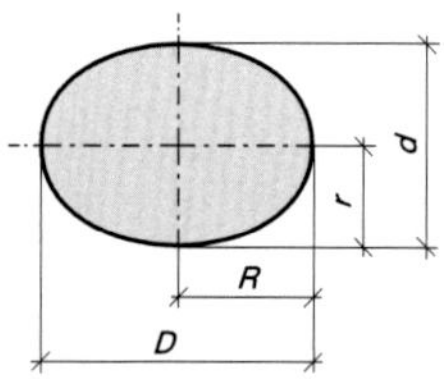	D	große Achse	mm, cm, m	$A = \pi \cdot r \cdot R$
	r	kleine Halbachse	mm, cm, m	$U \approx \pi \cdot \frac{d + D}{2}$
	R	große Halbachse	mm, cm, m	$U \approx \pi \cdot (r + R)$
	A	Fläche	mm^2, cm^2, m^2	
	U	Umfang	mm, cm, m	
Ring (mit Kreisquerschnitt)	d_m	mittlerer Durchmesser	mm, cm, m	$d_m = d_2 - d_1$
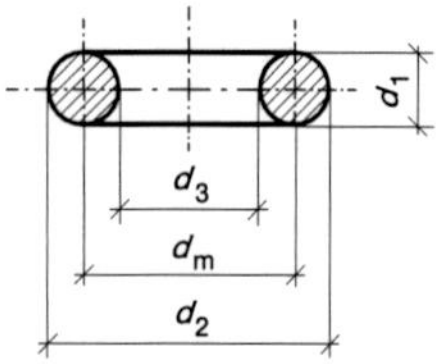	d_1	Ringdurchmesser	mm, cm, m	$d_m = d_3 + d_1$
	d_2	Außendurchmesser	mm, cm, m	$d_m = \frac{d_2 + d_3}{2}$
	d_3	Innendurchmesser	mm, cm, m	$A = \frac{\pi \cdot d_1^2}{4}$
	A	Ringquerschnitt	mm^2, cm^2, m^2	$A_0 = \pi^2 \cdot d_1 \cdot d_m$
	A_0	Oberfläche	mm^2, cm^2, m^2	$V = \pi \cdot d_m \cdot A$
	V	Volumen	mm^3, cm^3, m^3	$V = \pi \cdot d_m \cdot \frac{\pi \cdot d_1^2}{4}$

Skizze	Formelzeichen	Größe	Einheit	Formel
Würfel 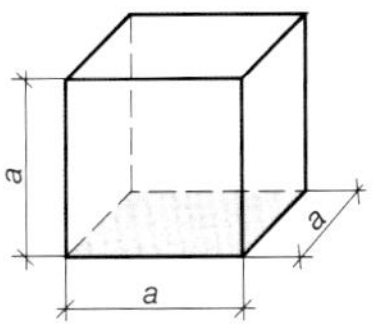	a	Seitenlänge	mm, cm, m	$A = a^2$
	A	Grundfläche	mm^2, cm^2, m^2	$V = a^3$
	V	Volumen	mm^3, cm^3, m^3	$A_M = 4 \cdot a^2$
	A_M	Mantelfläche	mm^2, cm^2, m^2	$A_0 = 6 \cdot a^2$
	A_0	Oberfläche	mm^2, cm^2, m^2	
Prisma (Quader) 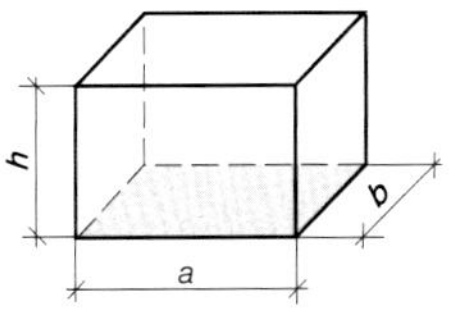	a	Länge	mm, cm, m	$A = a \cdot b$
	b	Breite	mm, cm, m	$V = a \cdot b \cdot h$
	h	Höhe	mm, cm, m	$V = A \cdot h$
	A	Grundfläche	mm^2, cm^2, m^2	$A_M = 2 \cdot h \cdot (a + b)$
	V	Volumen	mm^3, cm^3, m^3	$A_0 = 2 \cdot (a \cdot b + a \cdot h + b \cdot h)$
	A_M	Mantelfläche	mm^2, cm^2, m^2	
	A_0	Oberfläche	mm^2, cm^2, m^2	
Kegel 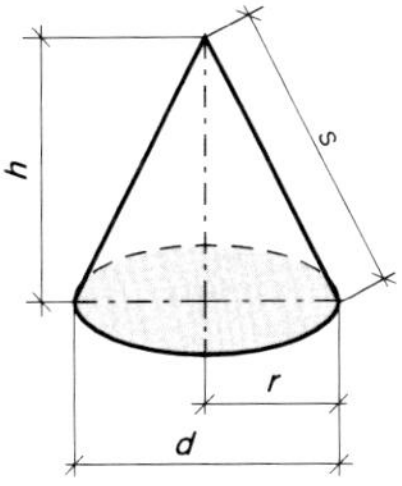	d	Durchmesser	mm, cm, m	$s = \sqrt{r^2 + h^2}$
	h	Höhe	mm, cm, m	$A = \pi \cdot r^2$, $A = \frac{\pi \cdot d^2}{4}$
	r	Radius	mm, cm, m	$V = \frac{\pi \cdot d^2}{4} \cdot \frac{h}{3}$, $V = \frac{A \cdot h}{3}$
	s	Mantelhöhe	mm, cm, m	$A_M = \pi \cdot r \cdot \sqrt{r^2 + h^2}$
	A	Grundfläche	mm^2, cm^2, m^2	$A_M = \frac{\pi \cdot d \cdot s}{2}$
	V	Volumen	mm^3, cm^3, m^3	$A_0 = \pi \cdot r \cdot (s + r)$
	A_M	Mantelfläche	mm^2, cm^2, m^2	$A_0 = A_M + A$
	A_0	Oberfläche	mm^2, cm^2, m^2	$A_0 = \frac{\pi \cdot d}{2} \cdot \left(s + \frac{d}{2}\right)$

Skizze	Formelzeichen	Größe	Einheit	Formel
Zylinder (Grund- und Deckfläche parallel)	r	Radius	mm, cm, m	$A = \frac{\pi \cdot d^2}{4}$
	d	Durchmesser	mm, cm, m	$A = \pi \cdot r^2$
	h	Höhe	mm, cm, m	$V = A \cdot h$
	A	Grundfläche	mm², cm², m²	$V = \pi \cdot r^2 \cdot h$
	V	Volumen	mm³, cm³, m³	$U = \pi \cdot d$
	U	Umfang von A	mm, cm, m	$A_M = \pi \cdot d \cdot h$
	A_M	Mantelfläche	mm², cm², m²	$A_M = U \cdot h$
	A_0	Oberfläche	mm², cm², m²	$A_0 = A_M + 2 \cdot A$
Hohlzylinder	d	innerer Durchmesser	mm, cm, m	$d_m = \frac{D + d}{2}$
	d_m	mittlerer Durchmesser	mm, cm, m	$d_m = d + t$
	D	äußerer Durchmesser	mm, cm, m	$d_m = D - t$
	h	Höhe	mm, cm, m	$A = \frac{\pi}{4} \cdot \left(D^2 - d^2\right)$
	t	Wanddicke	mm, cm, m	$A = \pi \cdot d_m \cdot t$
	r	innerer Radius	mm, cm, m	$V = \frac{\pi \cdot h}{4} \cdot \left(D^2 - d^2\right)$
	R	äußerer Radius	mm, cm, m	$V = \pi \cdot d_m \cdot t \cdot h$
	A	Grundfläche	mm², cm², m²	$V = A \cdot h,\quad V = \pi \cdot h \cdot \left(R^2 - r^2\right)$
	V	Volumen	mm³, cm³, m³	$A_M = \pi \cdot h \cdot (D + d)$
	A_M	Mantelfläche	mm², cm², m²	$A_0 = A_M + 2 \cdot A$
	A_0	Oberfläche	mm², cm², m²	
Kegelstumpf (Grund- und Deckfläche parallel)	d_1	großer Durchmesser	mm, cm, m	$s = \sqrt{(r_1 - r_2)^2 + h^2}$
	d_2	kleiner Durchmesser	mm, cm, m	$A_1 = \frac{\pi \cdot d_1^2}{4},\quad A_2 = \frac{\pi \cdot d_2^2}{4}$
	s	Mantelhöhe	mm, cm, m	Näherung: $V \approx \frac{(A_1 + A_2)}{2} \cdot h$
	h	Höhe	mm, cm, m	$V = \frac{\pi \cdot h}{3} \cdot \left(r_1^2 + r_2^2 + r_1 \cdot r_2\right)$
	r_1	großer Radius	mm, cm, m	$V = \frac{\pi \cdot h}{12} \cdot \left(d_1^2 + d_2^2 + d_1 \cdot d_2\right)$
	r_2	kleiner Radius	mm, cm, m	$A_M = \pi \cdot s \cdot (r_1 + r_2)$
	A_1	Grundfläche	mm², cm², m²	$A_M = \frac{\pi \cdot s}{2} \cdot (d_1 + d_2)$
	A_2	Deckfläche	mm², cm², m²	$A_0 = A_M + A_1 + A_2$
	V	Volumen	mm³, cm³, m³	
	A_M	Mantelfläche	mm², cm², m²	
	A_0	Oberfläche	mm², cm², m²	

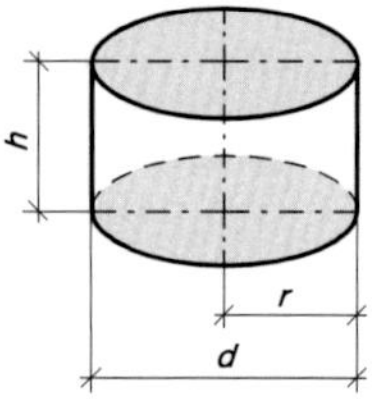

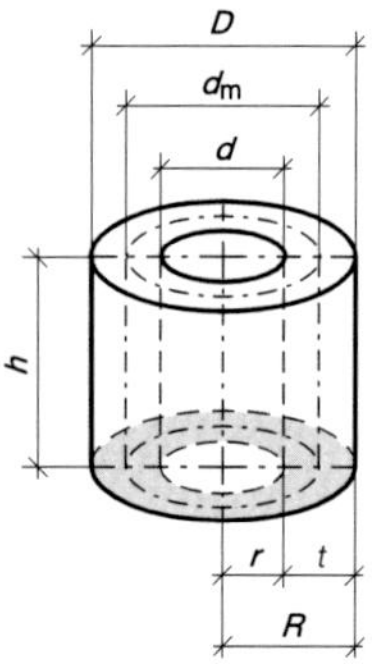

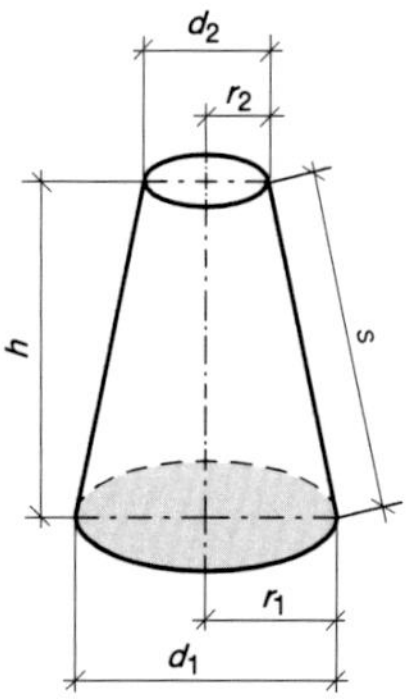

Skizze	Formelzeichen	Größe	Einheit	Formel
Kugel	r	Radius	mm, cm, m	$V = \frac{\pi}{6} \cdot d^3$
	d	Durchmesser	mm, cm, m	$V = \frac{4}{3} \cdot \pi \cdot r^3$
	V	Volumen	mm^3, cm^3, m^3	$A_0 = \pi \cdot d^2$
	A_0	Oberfläche	mm^2, cm^2, m^2	$A_0 = 4 \cdot \pi \cdot r^2$
Pyramide (mit quadratischer Grundfläche)	a	Länge der Grundseite	mm, cm, m	$h_a = \sqrt{h^2 + \left(\frac{a}{2}\right)^2}$
	α	Neigungswinkel (Dachneigung)	° (Grad)	$h = \sqrt{h_a^2 - \left(\frac{a}{2}\right)^2}$, $h = \tan\alpha \cdot \frac{a}{2}$
	h_a	Höhe der Seitenfläche	mm, cm, m	$s = \sqrt{h_a^2 + \left(\frac{a}{2}\right)^2}$
	h	Höhe	mm, cm, m	$A = a^2$
	s	schräge Kante	mm, cm, m	$V = \frac{a^2 \cdot h}{3}$
	A	Grundfläche	mm^2, cm^2, m^2	$V = \frac{A \cdot h}{3}$
	V	Volumen	mm^3, cm^3, m^3	$A_M = 2 \cdot a \cdot h_a$
	A_M	Mantelfläche	mm^2, cm^2, m^2	
(mit rechteckiger Grundfläche)	a	Länge	mm, cm, m	$h_b = \sqrt{\left(\frac{a}{2}\right)^2 + h^2}$
	b	Breite	mm, cm, m	$h_a = \sqrt{\left(\frac{b}{2}\right)^2 + h^2}$
	h_b h_a	Höhe der Seitenfläche auf b bzw. a	mm, cm, m	$A = a \cdot b$
	h	Höhe	mm, cm, m	$V = \frac{a \cdot b \cdot h}{3}$
	s	schräge Kante	mm, cm, m	$V = \frac{A \cdot h}{3}$
	A	Grundfläche	mm^2, cm^2, m^2	$A_a = \frac{a}{2} \cdot h_a$
	V	Volumen	mm^3, cm^3, m^3	$A_b = \frac{b}{2} \cdot h_b$
	A_a	vordere bzw. hintere Seitenfläche	mm^2, cm^2, m^2	$A_M = 2 \cdot A_a + 2 \cdot A_b$
	A_b	linke bzw. rechte Seitenfläche	mm^2, cm^2, m^2	$s = \sqrt{\left(\frac{a}{2}\right)^2 + h_a^2}$
	A_M	Mantelfläche	mm^2, cm^2, m^2	$s = \sqrt{\left(\frac{b}{2}\right)^2 + h_b^2}$

Skizze	Formelzeichen	Größe	Einheit	Formel
Pyramidenstumpf (mit rechteckiger Grundfläche)	a_1	untere Länge	mm, cm, m	$h_b = \sqrt{\left(\frac{a_1 - a_2}{2}\right)^2 + h^2}$
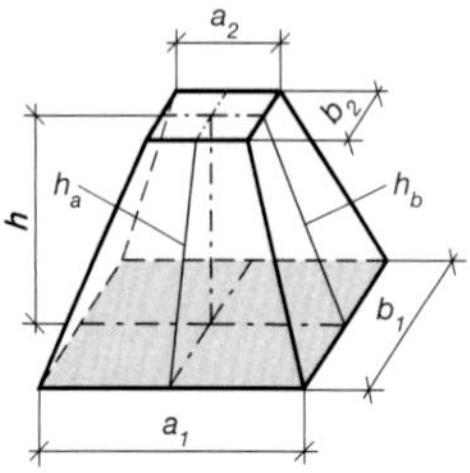	a_2	obere Länge	mm, cm, m	
	b_1	untere Breite	mm, cm, m	$h_a = \sqrt{\left(\frac{b_1 - b_2}{2}\right)^2 + h^2}$
	b_2	obere Breite	mm, cm, m	
	h_b h_a	Höhe der Seitenfläche auf b bzw. a	mm, cm, m	$A_1 = a_1 \cdot b_1, \quad A_2 = a_2 \cdot b_2$
	h	Höhe	mm², cm², m²	$V = \frac{h}{3} \cdot \left(A_1 + A_2 + \sqrt{A_1 \cdot A_2}\right)$
	A_1	Grundfläche	mm², cm², m²	Näherung: $V \approx \frac{A_1 + A_2}{2} \cdot h$
	A_2	Deckfläche	mm², cm², m²	
	V	Volumen	mm³, cm³, m³	$A_a = \frac{a_1 + a_2}{2} \cdot h_a$
	A_a	vordere bzw. hintere Seitenfläche	mm², cm², m²	$A_b = \frac{b_1 + b_2}{2} \cdot h_b$
	A_b	linke bzw. rechte Seitenfläche	mm², cm², m²	$A_M = 2 \cdot A_a + 2 \cdot A_b$
	A_M	Mantelfläche	mm², cm², m²	
Keil (Walmdach)	a_1	untere Länge	mm, cm, m	$h_b = \sqrt{\left(\frac{a_1 - a_2}{2}\right)^2 + h^2}$
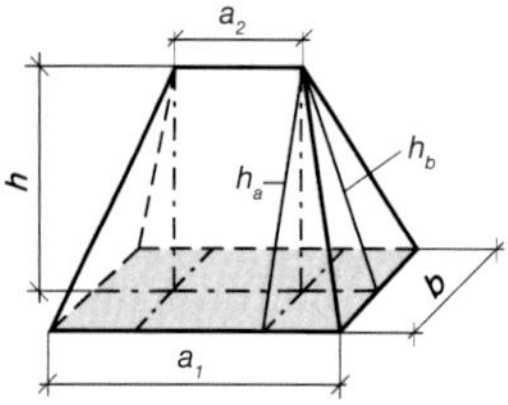	a_2	obere Länge	mm, cm, m	
	b	Breite	mm, cm, m	$h_a = \sqrt{\left(\frac{b}{2}\right)^2 + h^2}$
	h_b	Höhe der Seitenfläche auf b	mm, cm, m	$A = a_1 \cdot b$
	h_a	Höhe der Seitenfläche auf a_1	mm, cm, m	$V = \frac{h}{6} \cdot (2 \cdot a_1 + a_2) \cdot b$
	h	Höhe	mm, cm, m	$A_M = (a_1 + a_2) \cdot h_a + b \cdot h_b$
	A	Grundfläche	mm², cm², m²	
	V	Volumen	mm³, cm³, m³	
	A_M	Mantelfläche (Dachfläche)	mm², cm², m²	
Keilstumpf	a_1	untere Länge	mm, cm, m	$h_b = \sqrt{\left(\frac{a_1 - a_2}{2}\right)^2 + h^2}$
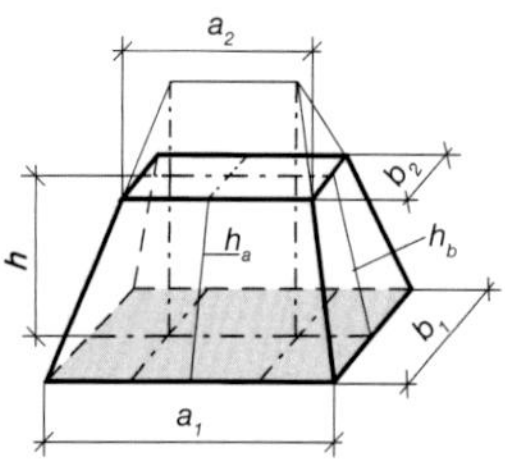	a_2	obere Länge	mm, cm, m	
	b_1	untere Breite	mm, cm, m	$h_a = \sqrt{\left(\frac{b_1 - b_2}{2}\right)^2 + h^2}$
	b_2	obere Breite	mm, cm, m	
	h_b	Höhe der Seitenfläche auf b_1	mm, cm, m	$A_1 = a_1 \cdot b_1, \quad A_2 = a_2 \cdot b_2$
	h_a	Höhe der Seitenfläche auf a_1	mm, cm, m	$V = \frac{h}{6} \cdot \left[(2 \cdot a_1 + a_2) \cdot b_1 + (2 \cdot a_2 + a_1) \cdot b_2\right]$
	h	Höhe	mm, cm, m	Näherung: $V \approx \frac{A_1 + A_2}{2} \cdot h$
	V	Volumen	mm³, cm³, m³	$A_a = \frac{a_1 + a_2}{2} \cdot h_a$
	A_a	vordere bzw. hintere Seitenfläche	mm², cm², m²	$A_b = \frac{b_1 + b_2}{2} \cdot h_b$
	A_b	linke bzw. rechte Seitenfläche	mm², cm², m²	$A_M = 2 \cdot A_a + 2 \cdot A_b$
	A_M	Mantelfläche	mm², cm², m²	

Konstruktion eines Segmentbogens

1 Zwischen K_1 und K_2 eine Linie zeichnen (Öffnungsbreite).

2 Eine Mittelsenkrechte ist auf der Achse K_1 nach K_2 zu errichten. Die Stichhöhe ist abzutragen (Punkt S)

3 Punkt K_1 mit Scheitelpunkt S verbinden.

4 Auf der Linie K_1 – S die Mittelsenkrechte errichten und zur senkrechten Achse zu verlängern. Der Mittelpunkt M entsteht.

5 Mit dem Radius M – S von K_1 nach K_2 den Segmentbogen schlagen.

Konstruktion eines Korbbogens mit 3 Mittelpunkten

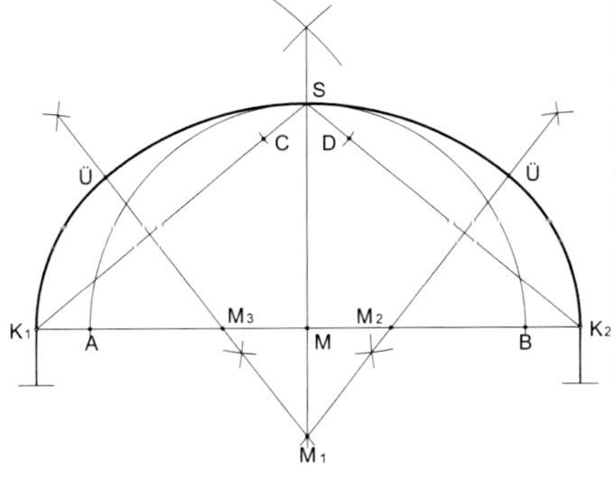

1 Zwischen K_1 und K_2 eine Linie zeichnen (Öffnungsbreite).

2 Eine Mittelsenkrechte ist auf der Achse K_1 nach K_2 zu errichten. Der Schnittpunkt mit der Linie K_1 nach K_2 ergibt den Mittelpunkt M.

3 Die Höhe des Scheitelpunktes von Punkt M mit dem Zirkel nach oben antragen. Der Schnittpunkt mit der Mittelsenkrechten ergibt den Punkt S.

4 Mit dieser Höhe einen Halbkreis um Punkt M schlagen. Es ergeben sich die Punkte A und B als Schnittpunkt mit der Linie K_1 nach K_2.

5 Eine Linie vom Scheitelpunkt S zu Punkt K_1 bzw. K_2 zeichnen.

6 Auf dieser Linie von Punkt S die Stecke von K_1 nach A bzw. K_2 nach B mit dem Zirkel abtragen. Es ergeben sich in den Schnittpunkten die Punkte C und D.

7 Auf der Strecke von K_1 nach C eine Mittelsenkrechte errichten. Es ergibt sich im Schnittpunkt der Mittelsenkrechten mit der Linie K_1 nach K_2 der Schnittpunkt M_3.

8 Entsprechend ist auch auf der anderen Seite vorzugehen. Es entsteht der Schnittpunkt M_2. Die beiden Linien über M_3 und M_2 hinaus zur Senkrechten verlängern. Es entsteht der Schnittpunkt M_1.

9 Der erste Teil des Korbbogens ist mit dem Zirkelschlag um M_3 mit der Länge von M_3 nach K_1 bzw. von M_2 nach K_2 bis zur jeweiligen Mittelsenkrechte (Punkt Ü) zu zeichnen.

10 Um M_1 ist mit dem Zirkel und der Zirkeleinstellung M_1 – S der Korbbogen zwischen den Punkten Ü zu vervollständigen.

Darstellung von Baustoffen und Bauteilen nach DIN 1356-1	
	Boden (gewachsen)
	Kies
	Sand
	Beton (unbewehrt)
	Beton (bewehrt)
	Mauerwerk aus künstlichen Steinen
	Putz, Mörtel
	Holz (Schnittfläche quer zur Faser) Hirnholz
	Holz (Schnittfläche längs zur Faser) Längsholz
	Metall, Stahl
	Glas
	Abdichtung
	Dichtstoffe
	Dämmschicht
grau	Alte Bauteile im Schnitt
braunrot	Neue Bauteile in Schnitt oder Ansicht
gelb	Abzubrechende Bauteile in Schnitt, Ansicht oder abzutragender Boden
▼	Rohbauhöhe
▽	Fertigmaß oder geplantes Fertigmaß
abgeh. Decke △ +2.50	Abgehängte Decke mit Höhenangabe für die Unterfläche Decke
OK UK	Böschung (OK = Oberkante, UK = Unterkante)

Maßstäbe in der Bautechnik	
M 1:1000	Lageplan
M 1:500	Lageplan
M 1:200	Vorentwurfszeichnung
M 1:100	Entwurfszeichnung (Bauantrag)
M 1:50	Ausführungszeichnung
M 1:5	Detailzeichnung

Wichtige Zeichnungen im Bauwesen

Bauzeichnung	**Inhalt**	**Maßstab**
Vorentwurfs-zeichnung	Einbindung in die Umgebung, ungef. Maße, Form, Konstruktion	1:500 1:200
Entwurfs-zeichnungen	Bauwerk in Grundriss, Schnitt und Ansicht	1:200 1:100
Bauvorlage-zeichnungen	**nach Bauvorlage-verordnung der Länder**	
Lageplan	Grundstück und Baukörper in Lage und Höhe	1:500
Bauzeichnungen	nach Vorschrift ergänzte Entwurfszeichnungen	1:100
Konstruktions-zeichnung	Standsicherheitsnachweis	1:100
Grundstücks-entwässerungs-zeichnung	Lageplan mit Darstellung der geplanten Entwässerungsmaßnahmen	1:500
Ausführungs-zeichnung	**mit allen notwendigen Einzelangaben**	
Positionsplan	Erläutert die statische Berechnung mit Nr.	1:100
Schalplan	Größen, Fugen, Anker, Baustoffe, Zuschläge, Höhenkoten	1:50
Fundamentplan	Wandstärken, Leitungen, RFB, Baustoffe	1:50
Rohbau-zeichnung	Weiterentwicklung des Schalplans für Tragwerk	1:50
Bewehrungs-zeichnung und Verlegeplan	Herstellung und Einbau der Bewehrung, Betonstahlsorten, Betonfestigkeitsklassen, Biegerollendurchmesser, Verankerungen, Teilgrößen von Biegeformen, Stahllisten	1:50 1:20
Fertigteil-zeichnungen	alle Herstellungs-, Lagerungs- und Einbauvorschriften, Eigenlast, Maßtoleranzen	1:20 1:50
Bauaufnahme	Aufmaß (zweckgebunden) fertiggestellter Bauten	1:50 1:20
Absteckungs-zeichnung	Außenkanten des Bauwerks, Achsen, Höhen	1:500

Regeln zum Zeichnen von Ausbaudetails
Baubemaßung, wenn nichts anderes angegeben (m, cm) • Bemaßung von unten und rechts lesbar, über der Maßlinie • 45°-Schrägstrich als Maßbegrenzung (in Leserichtung von links unten nach rechts oben) • Radien mit R vor der Maßzahl (R 33), Durchmesser entsprechend (∅ 54) • Maßeinheit nur im Zeichnungstitel angeben, nicht in der Maßkette

Linienbreiten		Strichstärke	
Voll-Linien	sehr schmal	03	Konstruktionslinie zum Vorzeichnen, so dünn wie möglich (nicht genormt)
	schmal	03	Maßlinien, Hinweislinien, Schraffuren
	breit	05	sichtbare Kanten und Umrisse von Bauteilen (3-Tafelprojektion, Perspektiven)
	sehr breit	07	Schnittflächen mit und ohne Schraffur
Strichlinie	breit	05	Verdeckte Kanten
Strichpunktlinie	schmal	03	Symmetrielinien, Mittellinien, Unterbrechung von Schnitten
	breit	05	Kennzeichnung der Schnittebenen (A–A)

Regeln für Trockenbau-Detailzeichnungen

- Unterbrechen der Zeichnung: entweder sehr schmale Linie (wie Mauerwerk links) oder ohne Linie enden (wie Montagewand rechts)
- Hinweislinien unter 45 Grad, möglichst kurz
- Bei sehr kurzen Texten den Text auf die Hinweislinie (wie Nr. 7), sonst nummerieren und separate Legende erstellen.
- Nummerierung wie im Bild dargestellt
- Schnittkanten sehr breit, Schraffuren schmal!
- Produktnormen angeben, in Klassenarbeiten und Prüfungen ist es nicht notwendig
- Die Bezeichnung muss in jedem Fall so genau sein, dass danach das gewünschte Produkt eindeutig bestellt werden kann
- schmale Dämmungen (wie Anschlussdichtung) mit Parallelschraffur darstellen, sonst wird es undeutlich
- Fugenspachtel wie Gipsplatten darstellen

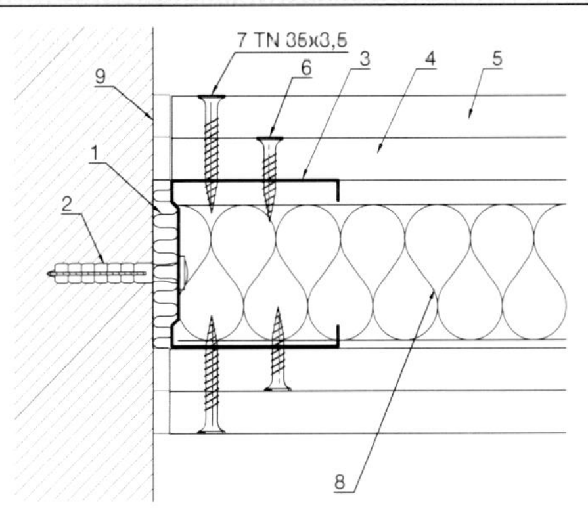

Legende

1 Anschlussdichtung Moosgummi 50 × 5

...

4 Gipsplatte DFH2 – 12,5 – DIN EN 520

Aufmaßregeln nach DIN 18340	
Die ATV DIN 18340 gilt für alle Trockenbauarbeiten, nicht jedoch für die benachbarten Gewerke wie Putz- und Stuck-, Estrich-, Tischler, Metallbau-, Maler- und Lackierarbeiten.	
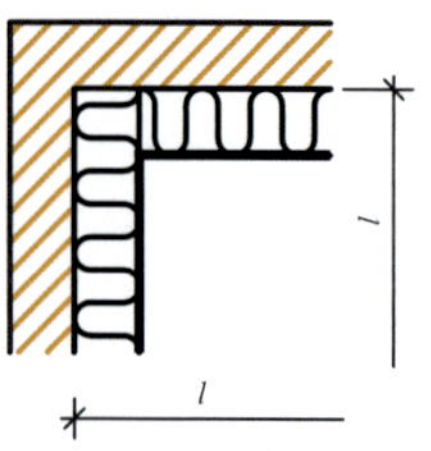	Haben Trockenbauteile **begrenzende Bauteile** werden die Maße bis zu den begrenzenden ungeputzten ungedämmten, unbekleideten Bauteilen gerechnet.
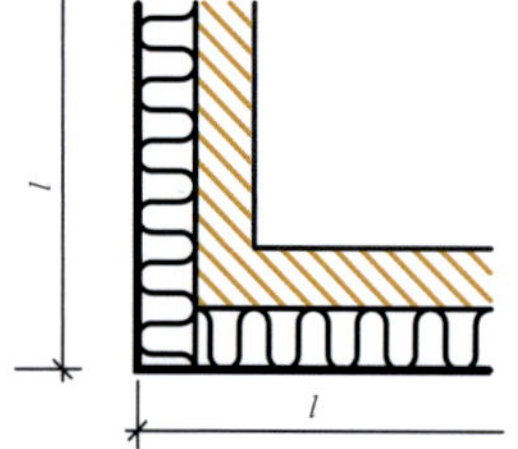	**Ohne begrenzende Bauteile** wird mit den fertigen Maßen der Trockenbauteile gerechnet.
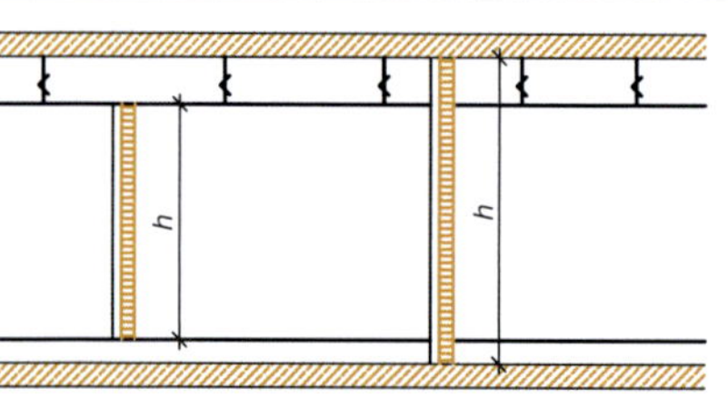	**Begrenzende Bauteile** sind: Systemböden (Hohlraum- und Doppelböden), Estriche, leichte Trennwände, Vorsatzschalen und Unterdecken, sofern sie nicht vom Trockenbauteil durchdrungen werden.
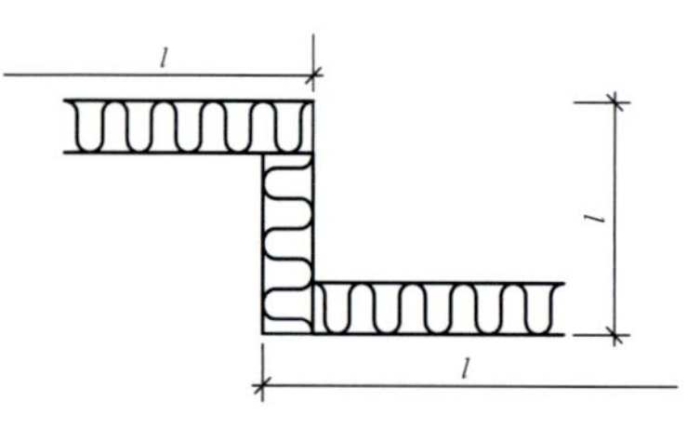	Verlaufen die Trockenbauteile nicht geradlinig (Ecken, Winkel, Versprünge), so wird das größte abgewickelte Bauteilmaß zugrunde gelegt.

Übermessungsregeln

Übermessen bedeutet: Flächen, die eine bestimmte Größe nicht überschreiten, werden nicht abgezogen.

Übermessen werden:

- Aussparungen (z. B. Öffnungen oder Nischen) in Wänden und Decken ≤ 2,50 m², in Böden ≤ 0,50 m²
- Fugen
- Unterbrechungen in der Fläche (z. B. Stützen, Träger, Unterzüge) mit einer Breite ≤ 30 cm.

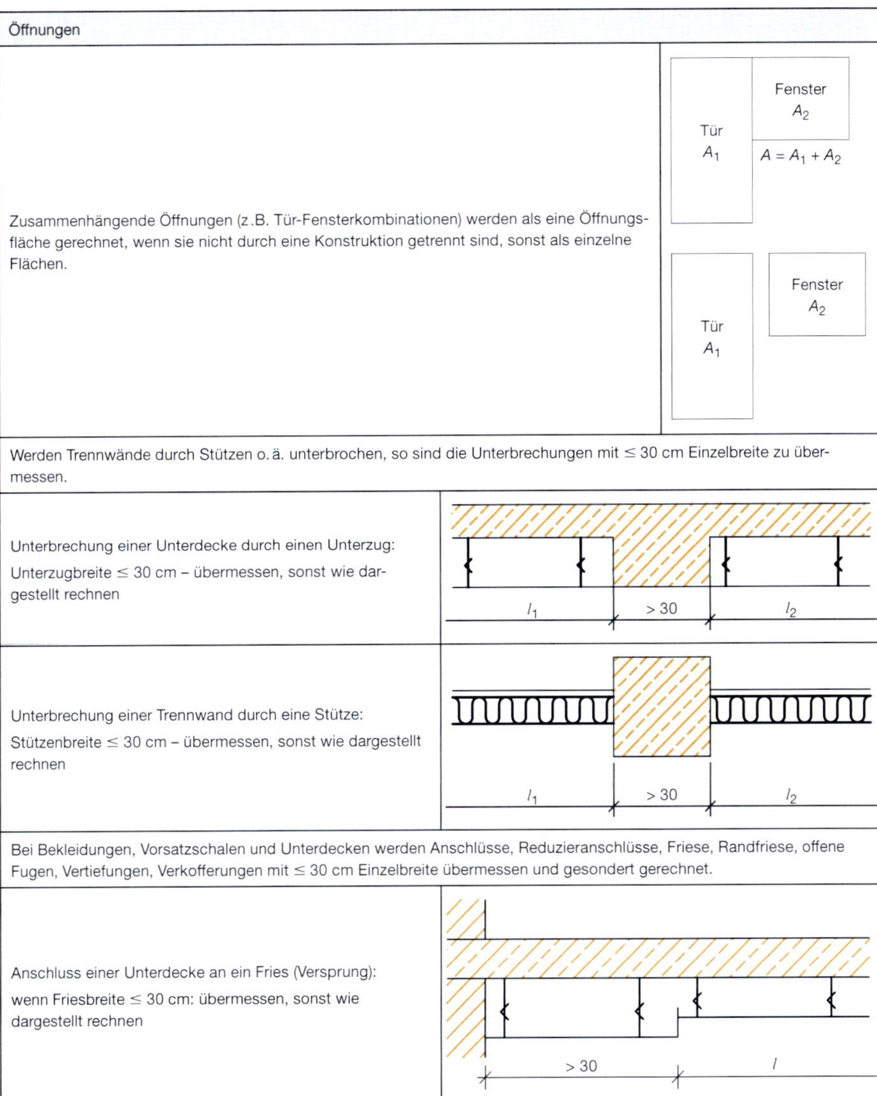

Öffnungen

Zusammenhängende Öffnungen (z.B. Tür-Fensterkombinationen) werden als eine Öffnungsfläche gerechnet, wenn sie nicht durch eine Konstruktion getrennt sind, sonst als einzelne Flächen.

Werden Trennwände durch Stützen o. ä. unterbrochen, so sind die Unterbrechungen mit ≤ 30 cm Einzelbreite zu übermessen.

Unterbrechung einer Unterdecke durch einen Unterzug:
Unterzugbreite ≤ 30 cm – übermessen, sonst wie dargestellt rechnen

Unterbrechung einer Trennwand durch eine Stütze:
Stützenbreite ≤ 30 cm – übermessen, sonst wie dargestellt rechnen

Bei Bekleidungen, Vorsatzschalen und Unterdecken werden Anschlüsse, Reduzieranschlüsse, Friese, Randfriese, offene Fugen, Vertiefungen, Verkofferungen mit ≤ 30 cm Einzelbreite übermessen und gesondert gerechnet.

Anschluss einer Unterdecke an ein Fries (Versprung):
wenn Friesbreite ≤ 30 cm: übermessen, sonst wie dargestellt rechnen

Belagseinteilung Fliesen und Platten

Ermittlung der Belagseinteilung

Als Beispiel: Belagseinteilung für Bodenbeläge (gilt auch für Wandbeläge)

Grundregeln:

- Teilfliesen sollten größer als eine halbe Fliese sein
- Belag bei 2 Teilfliesen symmetrisch einteilen
- bei kleinen Teilfliesen eine ganze Fliese abziehen und auf Teilfliesen verteilen
- Teilfliesen immer an den Belagrand legen
- bei längeren Übergängen zwischen Fliesenbelag und anderen Bodenbelägen sollten am Übergang immer ganze Fliesen angeordnet werden.

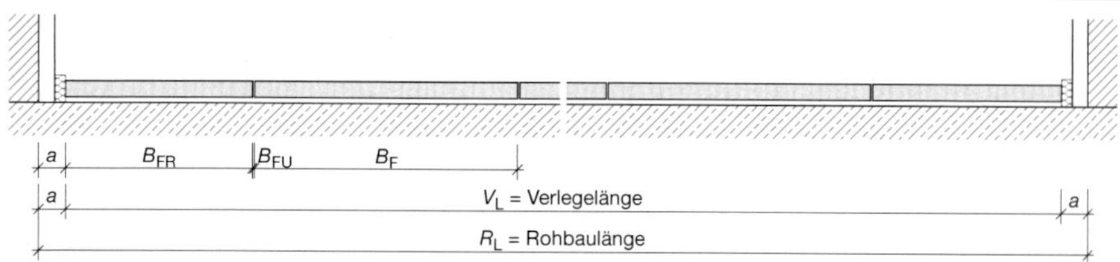

Bezeichnungen

R_L	Rohbaulänge Raum	R	Dicke Randfuge
V_L	Verlegelänge Fliesen	M	Mörteldicke Fliese
B_{FU}	Breite Fliesenfuge	F	Fliesendicke
B_F	Breite ganze Fliese	a	abzuziehende Schichten zwischen Rohbau und Fliesenbelag
B_{FR}	Breite Randfliese	F_{A1}	Anzahl der ganzen Fliesen (ungerundet)
P	Dicke Putz	F_{A2}	Anzahl der ganzen Fliesen (gerundet)
D	Dicke Randdämmstreifen		

1. Berechnung der Verlegelänge

Verlegelänge = Rohbaulänge – 2 × Schichten zwischen Rohbau und Fliesenbelag	$V_L = R_L - 2 \cdot a$

Anschlussvarianten an Rohbauteil

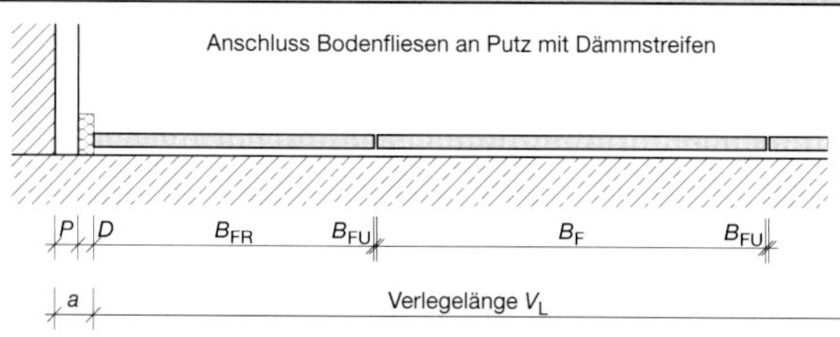

a = Dicke Putz + Dicke Dämmstreifen	$a = P + D$

Anschluss Wandfliesen an Putz und mit Fuge

P R B_{FR} B_{FU} B_F B_{FU}

a Verlegelänge V_L

a = Dicke Putz + Randfuge	$a = P + R$

Anschlussvarianten an Rohbauteil

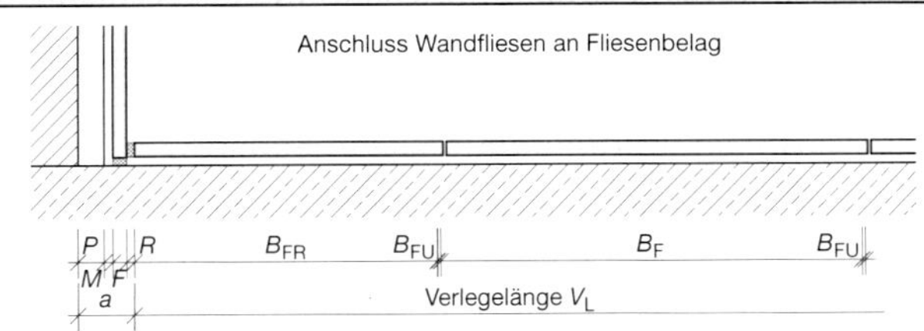

a = Dicke Putz + Fliesenmörtel + Fliesendicke + Randfuge	$a = P + M + F + R$

2. Berechnung der Teilfliesen

Gegeben: Anschlussart an Rohwand
Fliesengröße: $B_F \times B_F$ cm
Verlegeart: Fuge auf Fuge, symmetrische Einteilung
Fugenbreite: B_{Fu}

Anzahl der ganzen Fliesen: $F_{A1} = \dfrac{\text{Verlegelänge}}{\text{Breite ganze Fliesen + 1 Fuge}} = \dfrac{V_L}{B_F + B_{Fu}}$ (ungerundet)

Die errechnete Anzahl ganzer Fliesen abrunden und 1 Fliese abziehen (für genügend breite Randfliesen)

$F_{A2} = F_{A1} - 1$

Gesamtlänge der ganzen Fliesen + Fugen: $L_{Fganz} = F_{A2} \times B_F + (F_{A2} + 1) \times B_{Fu}$

Breite Randfliese $= \dfrac{\text{Verlegelänge – Gesamtlänge ganzer Fliesen}}{2}$ $\quad B_{FR} = \dfrac{V_L = R_L - a}{2}$

Die Berechnung der Flieseneinteilung für die Raum**breite** verläuft entsprechend.

Freie Enden oder Anschlüsse an andere Beläge sollten mit einer ganzen Fliese beginnen. Zur Flieseneinteilung in dieser Richtung werden die Schichten zwischen Rohbaulänge und Verlegelänge nur einmal abgezogen.

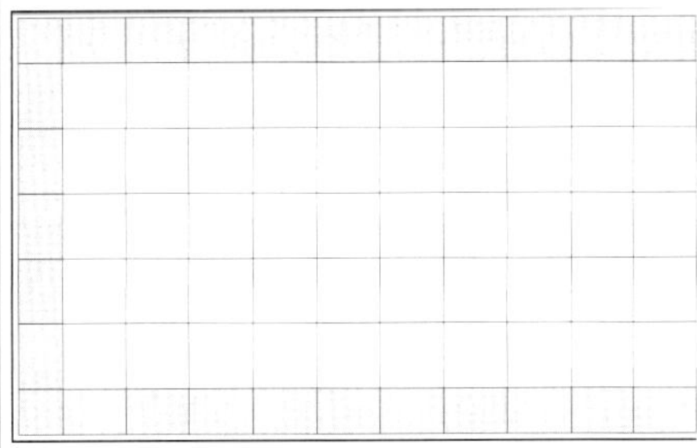

Verlegelänge = Rohbaulänge – 1 × Schichten zwischen Rohbau und Fliesenbelag Breite Randfliese = Verlegelänge – Gesamtlänge ganzer Fliesen	$V_L = R_L - a$ $B_{FR} = V_L - L_{Fganz}$

Wärmeschutz	
Wärmeschutztechnische Begriffe	
Wärmeleitzahl $\lambda [in\ W\ /\ mK]$	ist eine baustoffbezogene Größe. Sie gibt die Wärmemenge an, die in 1 s durch ein 1 m dickes Bauteil mit der Fläche von 1 m^2 fließt, bei einem Temperaturunterschied von 1 *K* Schlechte Wärmeleiter (niedriges λ) = gute Wärmedämmstoffe
Wärmedurchlasswiderstand $R\left[in\left(m^2K\right)/W\right]$	ist ein Maß für Dämmfähigkeit einer Bauteilschicht oder eines mehrschichtigen Bauteils. Sie errechnet sich aus $R = \frac{d_1}{\lambda_1} + \frac{d_2}{\lambda_2} + \frac{d_3}{\lambda_3} + \ldots$
Wärmeübergangswiderstand $R_S\left[in\left(m^2K\right)/W\right]$	der Widerstand, den die Grenzschicht zwischen Luft und einem Baustoff dem Wärmestrom entgegensetzt. Der Übergang Innenluft – Bauteil wird als R_{si}, der Übergang Bauteil – Außenluft als R_{se} gekennzeichnet
Wärmedurchgangswiderstand $R_T\left[in\left(m^2K\right)/W\right]$	ist die Summe alle Wärmedurchlasswiderstände eines Bauteils sowie der Wärmeübergangswiderstände innen und außen. $R_T = R_{si} + R + R_{se}$
Wärmedurchgangskoeffizient – *U*-Wert $\left[in\ W\ /\ m^2K\right]$	gibt die Wärmemenge an, die durch ein Bauteil pro m^2 und bei 1 K Temperaturunterschied hindurchgeht, einschließlich der Übergänge Er ist der Kehrwert des Wärmedurchgangswiderstands $U = \frac{1}{R_T} = \frac{1}{R_{si} + R + R_{se}}$ Gut gedämmte Bauteile haben einen niedrigen *U*-Wert
Wärmespeicherung (Wärmekapazität)	gute Wärmespeicher: benötigen viel Energie, um erwärmt zu werden und geben diese Energie langsam wieder ab (v. a. schwere, dichte Baustoffe)
WLG = Wärmeleitfähigkeitsgruppe WLS = Wärmeleitfähigkeitsstufe	Wärmedämmstoffe ($\lambda < 1$) werden in **Wärmeleitfähigkeitsgruppen** eingeteilt (die 3 ersten Ziffern nach dem Komma des λ-Werts, auf 5 gerundet) λ-Wert 0,370 = WLG 040. Die neuere **Wärmeleitfähigkeitsstufe** gibt die 3 Ziffern hinter dem Komma ungerundet aus: λ-Wert 0,370 = WLS 037
Wärmedämmstoff	Baustoffe werden als Wärmedämmstoffe bezeichnet bei einem $\lambda < 0{,}1$ W/mK
Längenänderung von Baustoffen durch Temperaturänderung	Baustoffe vergrößern ihr Volumen beim Erwärmen, bzw. verkleinern es beim Abkühlen. Ausschlaggebend für die Längenänderung Δl der Bauteile sind: • Die Temperaturdifferenz $\Delta\vartheta$ • Die Länge des Bauteils bei einer bestimmten Temperatur l_1 • Die Längenausdehnungszahl α Die Längenausdehnungszahl α gibt an, um wieviel mm sich 1 m eines festen Baustoffes bei einer Temperaturdifferenz von 1 Kelvin ausdehnt oder zusammenzieht. $\Delta l = \alpha \cdot l_1 \cdot \Delta\vartheta$

Längenausdehnungszahlen von Baustoffen	
Stoff	**Längenausdehnungszahl α in mm/m · K**
Mauerwerk	
aus porigen Ziegeln	0,006
aus Vormauerziegeln	0,008
aus Klinkern	0,010
aus Kalksandsteinen	0,008
aus Gipswandbauplatten	0,015

Längenausdehnungszahlen von Baustoffen	
Stoff	**Längenausdehnungszahl α in mm/m · K**
Beton	
Normalbeton, Stahlbeton	0,010
Bimsbeton	0,008
Blähtonbeton, unbewehrt	0,006
Porenbeton	0,008
Mörtel	
Außenputz MG II	0,009
Außenputz MG III	0,011
Kalkgips- und Gipsmörtel	0,025
Metalle	
Stahl	0,012
Aluminium	0,024
Kupfer	0,017
Blei	0,029
Zink	0,029
Messing	0,018
Dämmstoffe	
Polystyrolhartschaum	0,080
Schaumglas	0,008
Mineralfaser	0,001
Kork	0,001
Kunststoffe	
PVC	0,080
PE	0,200
Glasfaserverstärkter Polyester	0,020
Sonstige Baustoffe	
Holz, Holzwerkstoffe	0,003
Glas, Fliesen	0,008
Gipsplatten	0,025

Wärmeschutz

Wärmedurchlasswiderstände stehender Luftschichten (Auszug DIN 4108-4)

Dicke der Luftschicht in mm	$R_L \left(m^2 \cdot K / W\right)$ Richtung des Wärmestromes		
	aufwärts	horizontal	abwärts
5	0,11	0,11	0,11
7	0,13	0,13	0,13
10	0,15	0,15	0,15
15	0,16	0,17	0,17
25	0,16	0,18	0,19
50	0,16	0,18	0,21
100	0,16	0,18	0,22
300	0,16	0,18	0,23

Erläuterungen
Luftschichten, welche keine Verbindung mit der Innen- bzw. Außenluft haben, können zur Berechnung des Wärmeschutzes eines Bauteils herangezogen werden. In der DIN 4108 sind Rechenwerte für die Wärmedurchlasswiderstände von stehenden Luftschichten aufgeführt. Der Wärmedurchlasswiderstand ist abhängig von der Richtung des Wärmestromes und der Dicke der Luftschicht

Rechenwerte der Wärmeübergangswiderstände R_s

<table>
<tr><th>Bauteile</th><th>$R_{se} \left[m^2 \cdot K / W\right]$</th><th>$R_{si} \left[m^2 \cdot K / W\right]$</th></tr>
<tr><td>Außenwand (nicht belüftet), nicht hinterlüftete geneigte Dächer mit Neigung $\geq 60°$</td><td>0,04</td><td rowspan="4">0,13</td></tr>
<tr><td>Außenwand mit hinterlüfteter Außenhaut, Abseitenwand zum nicht gedämmten Dachraum, hinterlüftete geneigte Dächer mit Neigung $\geq 60°$</td><td rowspan="2">0,13</td></tr>
<tr><td>Wohnungstrennwand, Treppenhauswand, Trennwand zu unbeheizten Räumen</td></tr>
<tr><td>Außenwand an Erdreich grenzend</td><td>0,00</td></tr>
<tr><td>Decke oder Dachschräge < 60°, die Aufenthaltsräume nach oben gegen Außenluft abgrenzt, unbelüftete Flachdächer</td><td>0,04</td><td rowspan="4">0,10</td></tr>
<tr><td>Decke unter nicht ausgebautem Dachraum, Spitzboden oder belüftetem Raum</td><td rowspan="3">0,10</td></tr>
<tr><td>Wohnungstrenndecke und Decken zwischen fremden Arbeitsräumen</td></tr>
<tr><td>Wärmestrom von unten nach oben</td></tr>
<tr><td>Wärmestrom von oben nach unten</td><td rowspan="2">0,17</td><td rowspan="4">0,17</td></tr>
<tr><td>Kellerdecke</td></tr>
<tr><td>Decke, die einen Aufenthaltsraum nach unten gegen die Außenluft abgrenzt</td><td>0,04</td></tr>
<tr><td>Kellerfußboden eines Aufenthaltsraumes gegen das Erdreich grenzend</td><td>0,00</td></tr>
</table>

Höchstwerte der Wärmedurchgangskoeffizienten (U-Wert) bei erstmaligem Einbau, Ersatz und Erneuerung von Bauteilen (Auszug nach EnEV 2014)

Wärmeschutz

<table>
<tr><td colspan="3">Rechenwerte der Wärmeübergangswiderstände R_s</td></tr>
<tr><th>Bauteile</th><th>$R_{se}\left[m^2 \cdot K / W\right]$</th><th>$R_{si}\left[m^2 \cdot K / W\right]$</th></tr>
<tr><td>Außenwand (nicht belüftet), nicht hinterlüftete geneigte Dächer mit Neigung ≥ 60°</td><td>0,04</td><td rowspan="4">0,13</td></tr>
<tr><td>Außenwand mit hinterlüfteter Außenhaut, Abseitenwand zum nicht gedämmten Dachraum, hinterlüftete geneigte Dächer mit Neigung ≥ 60°</td><td rowspan="2">0,13</td></tr>
<tr><td>Wohnungstrennwand, Treppenhauswand, Trennwand zu unbeheizten Räumen</td></tr>
<tr><td>Außenwand an Erdreich grenzend</td><td>0,00</td></tr>
<tr><td>Decke oder Dachschräge < 60°, die Aufenthaltsräume nach oben gegen Außenluft abgrenzt, unbelüftete Flachdächer</td><td>0,04</td><td rowspan="4">0,10</td></tr>
<tr><td>Decke unter nicht ausgebautem Dachraum, Spitzboden oder belüftetem Raum</td><td rowspan="3">0,10</td></tr>
<tr><td>Wohnungstrenndecke und Decken zwischen fremden Arbeitsräumen</td></tr>
<tr><td>Wärmestrom von unten nach oben</td></tr>
<tr><td>Wärmestrom von oben nach unten</td><td rowspan="2">0,17</td><td rowspan="4">0,17</td></tr>
<tr><td>Kellerdecke</td></tr>
<tr><td>Decke, die einen Aufenthaltsraum nach unten gegen die Außenluft abgrenzt</td><td>0,04</td></tr>
<tr><td>Kellerfußboden eines Aufenthaltsraumes gegen das Erdreich grenzend</td><td>0,00</td></tr>
</table>

Höchstwerte der Wärmedurchgangskoeffizienten (U-Wert) bei erstmaligem Einbau, Ersatz und Erneuerung von Bauteilen (Auszug nach EnEV 2014)

Bauteile	**Max. Wärmedurchgangskoeffizient U_{max} für Wohngebäude und Nichtwohngebäude mit Innentemperaturen ≥ 19 °C in $W/(m^2 \cdot K)$**
Außenwände	0,24
Fenster, Fenstertüren	1,3
Dachflächenfenster	1,4
Verglasungen	1,1
Vorhangfassaden	1,5
Glasdächer	2,0
Fenstertüren mit Klapp-, Falt-, Schiebe- oder Hebemechanismus	1,6
Dachflächen einschl. Dachgauben	0,24
Wände gegen unbeheizten Dachraum (einschl. Abseitenwände)	0,24
oberste Geschossdecken	0,24
Dachflächen mit Abdichtung	0,20
Wände gegen Erdreich oder gegen unbeheizte Räume (keine Dachräume)	0,30
Decken nach unten gegen Erdreich oder unbeheizte Räume	0,30
Fußbodenaufbauten	0,50
Decken nach unten an Außenluft	0,24

Feuchteschutz	
Feuchteschutztechnische Begriffe	
Luftfeuchtigkeit	der Anteil von Wasserdampf (gasförmigem Wasser) in g/m³
relative Luftfeuchtigkeit	das Verhältnis des momentanen Wasserdampfgehalts zum maximal möglichen in %. Die relative Luftfeuchtigkeit ist abhängig von Lufttemperatur und Luftdruck.
Kondensat	Erreicht die relative Luftfeuchte 100 % (Taupunkt), so fällt ab dann die Überschussmenge als Wasser aus. Das kann durch Erhöhung der Wasserdampfmenge oder durch Absinken der Lufttemperatur geschehen (feuchte Luft trifft auf kalte Oberflächen)
Wasserdampfdiffusion	Wasserdampfteilchen wandern von der warmen zur kalten Seite eines Bauteils, wenn die Porenstruktur der Baustoffe dies zulässt
Diffusionswiderstandsfaktor μ (dimensionslos)	Ein Maß für die Dampfdurchlässigkeit eines Baustoffs. Er gibt an, um wie viel der Baustoff dampfdichter ist als eine gleich dicke ruhende Luftschicht.
sd-Wert [m]	„wasserdampf-diffusionsäquivalente Luftschichtdicke". Der sd-Wert gibt an, wie dick eine vergleichbare Luftschicht bei gleichem Widerstand gegen Wasserdampfdurchgang ist.
Dampfsperre: Dampfbremse: diffussionsoffen:	sd-Wert > 1 500 m sd-Wert von 0,5 m – 1 500 m sd-Wert < 0,5 m – 1 500 m

Schallschutz	
Schallschutztechnische Begriffe	
Bauakustik	untersucht die Luft- und Körperschallübertragung durch Bauteile
Raumakustik	untersucht die Qualität (Hörerlebnis) und die Sprachverständlichkeit des Schalls in Konzertsälen, Theatern, Schulen u. Ä.
Schalldruck	Die Druckänderung, die durch schwingende Luftmoleküle hervorgerufen wird. Er wird als Lautstärke wahrgenommen
Schalldruckpegel	Die Größe des Schalldrucks in dB. 0 dB = Hörschwelle, 130 dB = Schmerzgrenze
dB, dB(A)	Logarithmisches Maß des Schalldrucks, 10 dB Vergrößerung = Verdoppelung der Lautstärke. dB(A) filtert die Messwerte, sodass sie der tatsächlichen Wahrnehmung des Schalles durch das menschliche Gehör näherkommen
Frequenz	Die Häufigkeit des Wechsels des Luftdrucks (bei Luftschall). Gemessen wird sie in Hz (Hertz), 1 Hz = 1 Schwingung pro Sekunde, die Frequenz bestimmt die Tonhöhe
Schalldämmung	Verringerung der Schallausbreitung durch Bauteile
Schalldämmmaß R	Die Differenz zwischen dem auftreffenden Schall auf ein Bauteil und dem abgegebenen Schall in dB
bew. Luftschalldämmmaß R'_w	Schalldämmmaß von Wänden und Decken einschl. bauüblicher Nebenwege in dB
Trittschalldämmung	Verringerung der Ausbreitung von Körperschall (Schritte, Klopfen) durch Decken oder Wände
Trittschallverbesserungsmaß ΔLw	Maß der Trittschallverbesserung einer Massivdecke durch eine Deckenauflage (z. B. schwimmender Estrich) in dB

Schallschutz

Schallschutztechnische Begriffe

Absorption	Schall, der in einer Wand geschluckt (in Wärme umgewandelt) oder durchgelassen wird
Nachhallzeit	ist die Zeit, in der der Schalldruck um 60 dB abnimmt. Es ist die wichtigste Kennzahl für gute Akustik bzw. Raumakustik und wird in Sekunden angegeben. Die Nachhallzeit ist abhängig vom Raumvolumen und vom Absorptionsgrad der Flächen

Schallschutzklassen (Auszug für Trennwände DEGA-Empfehlung 103)

<table>
<tr><th>Schallschutzklasse</th><th>F</th><th>E</th><th>D</th><th>C</th><th>B</th><th>A</th><th>A*</th></tr>
<tr><td>Wände [R'w]</td><td>< 50 dB</td><td>≥ 50 dB</td><td>≥ 53 dB</td><td>≥ 57 dB</td><td>≥ 62 dB</td><td>≥ 67 dB</td><td>≥ 72 dB</td></tr>
<tr><td>normale Sprache</td><td>einwandfrei zu verstehen, deutlich hörbar</td><td>teilweise zu verstehen, i. A. hörbar</td><td>i. A. nicht verstehbar, teilweise hörbar</td><td>nicht verstehbar, noch hörbar</td><td colspan="3">nicht verstehbar, nicht hörbar</td></tr>
<tr><td>laute Sprache</td><td colspan="2">einwandfrei zu verstehen, sehr deutlich hörbar</td><td>einwandfrei zu verstehen, deutlich hörbar</td><td>teilweise zu verstehen, i. A. hörbar</td><td>i. A. nicht verstehbar, teilweise hörbar</td><td>nicht verstehbar, noch hörbar</td><td>nicht verstehbar, nicht hörbar</td></tr>
</table>

Absorptionswerte α_w und NRC für Mineralplattendecken

Absorptionsgrad α_w	gibt das Verhältnis von absorbierter zu reflektierter Schallenergie an. Ein Absorptionsgrad von 1 bedeutet 100 % Schallabsorption, ein Wert von 0 bedeutet 0 % Absorption (=100 % Reflexion)
NRC (Noise Reduction Coeffizient)	gibt den Mittelwert der Schallabsorption bestimmter Frequenzwerte an. Ein NRC von 0,80 bedeutet also eine durchschnittliche Schallabsorption von 80 % in den Frequenzen 250, 500, 1000 und 2000 Hz

Schallabsorberklasse (nach DIN EN ISO 11 654)	**Absorptionsgrad α_w**	**Absorptionsklasse (nach VDI 3755/2000)**	**Absorptionsgrad NRC**
A	0,90 – 1,00	höchstabsorbierend	≥ 0,75
B	0,80 – 0,85	höchstabsorbierend	≥ 0,75
C	0,60 – 0,75	hochabsorbierend	0,5 – 0,75
D	0,30 – 0,55	absorbierend	0,5 – 0,75
E	0,15 – 0,25	gering absorbierend	0,25 – 0,5
nicht klassifiziert	0,00 – 0,10	reflektierend	< 0,25

Brandschutz

Brandschutztechnische Klassifizierung von Bauprodukten

Bauaufsichtliche Anforderung	**Zusatzanforderungen**		**Europäische Klassen nach DIN EN 13 501-1**	**Klasse nach DIN 4102-1**
	Kein Rauch	Kein brennendes Abtropfen/Abfallen		
Nicht brennbar	×	×	A1	A1
	×	×	A2 -s1, d0	A2
Schwer entflammbar	×	×	B -s1, d0	B1
			C -s1, d0	
		×	A2 -s2, d0	
			A2 -s3, d0	
			B -s2, d0	
			B -s3, d0	
			C -s2, d0	
			C -s3, d0	
			A2 -s3,d2	
			B -s3, d2	
			C -s3, d2	
	×		A2 -s1, d1	
			A2 -s1, d2	
			B -s1, d1	
			B -s1, d2	
			C -s1, d1	
			C -s1, d2	
Normal entflammbar		×	D -s1, d0	B2
			D -s2, d0	
			D -s3, d0	
			D -s1, d1	
			D -s2, d1	
			D -s3, d1	
			D -s1, d2	
			D -s2, d2	
			D -s3, d2	
			E -d2	
Leicht entflammbar			F	B3

Brandschutz

Klassifizierung der Zusatzkriterien: „Rauchentwicklung" und „Brennendes Abtropfen"

Klasse	Rauchentwicklung	Klasse	Brennendes Abtropfen/Abfallen
s1	keine	d0	kein Abtropfen
s2	geringe	d1	kein fortdauerndes Abtropfen
s3	hohe	d2	deutliches Abtropfen

Rohdeckenbauarten im Brandschutz

Deckenbauart I	
freiliegende Stahlträger mit Auflage aus Bimsbetondielen oder Porenbetonplatten	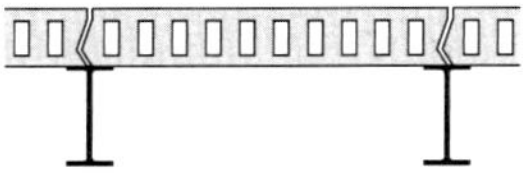
Stahlbetonrippendecken mit Zwischenbauteilen aus Leichtbeton oder Ziegeln	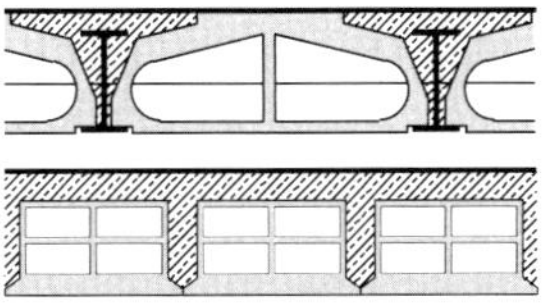
Stahlbetondecken in Verbindung mit eingebetteten Stahlträgern	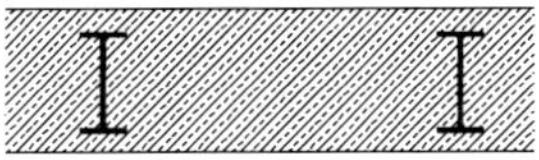
Deckenbauart II	
freiliegende Stahlträger mit Auflage aus Stahlbeton-hohldielen	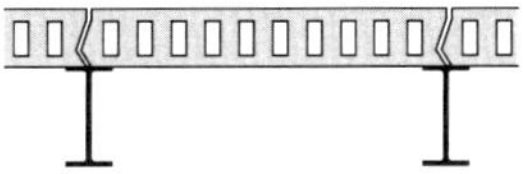
oder Fertigplatten mit Ortbetonschicht	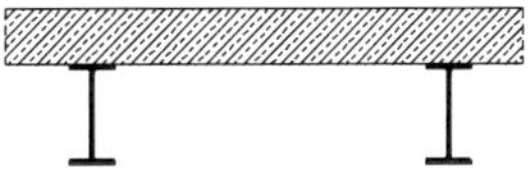
Deckenbauart III	
Stahl- oder Spannbetondecken	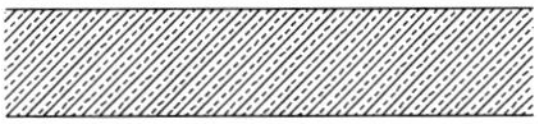
Stahl- oder Spannbetonhohldielen aus Normalbeton	
Stahlbetonrippendecken mit Zwischenbauteilen aus Normalbeton	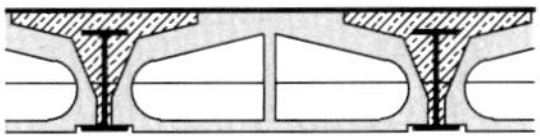
Stahlbetonrippendecke, Stahlbetonplattendecke	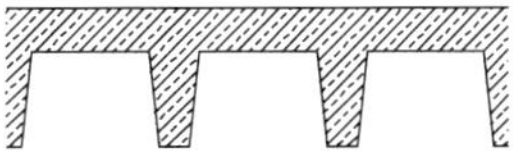

Materialdaten			
Baustoffe	Rohdichte ϱ [kg/m³]	Wärmeleitzahl λ [W/mK]	Diffusionswiderstandsfaktor μ [dimensionslos]
1 Betone			
Normalbeton, Stahlbeton	2400	2,00	70/150
Porenbeton nach DIN 4223	500 600 800	0,16 0,19 0,25	5/10
Leichtbeton und Stahlleichtbeton nach DIN 4219	800 1000 1200	0,39 0,49 0,62	70/150
2 Dachbahnen, Folien			
Kunststoffbeläge, z. B. PVC	1500	0,23	
Bitumenbahnen, nackt, nach DIN 52 129	(1200)	0,17	10 000/80 000
Bitumendachbahnen, nach DIN 52 128	(1200)	0,17	≈ 50 000
Bitumendachbahn mit Metallfolie, Masse 125 g/m²			praktisch dicht
PVC-Folie, Dicke ≥ 0,1 mm			≥ 20 000/5 000
PE-Folie, Dicke ≥ 0,1 mm			100 000
Aluminiumfolie, Dicke ≥ 0,05 mm			≥ 100 000
Kunststoffdachbahnen, nach DIN 16 730 (PVC-P)			10 000
3 Putze, Estriche, Mörtel			
Kunstharzputz	1100	0,70	50/200
Kalkmörtel, Kalkzementmörtel	1800	1,00	15/35
Zementmörtel	2000	1,60	15/35
Kalkgips-, Anhydrit- und Gipsmörtel	1400	0,70	10
Gipsputz ohne Zuschlag, Ansetzgips	1200	0,35	10
Leichtputz	< 700	0,25	15/20
	< 1000	0,38	
	< 1300	0,56	
Anhydritestrich, Calciumsulfatestrich	2100	1,20	15/35
Zementestrich	2000	1,40	15/35
Gussasphaltestrich, Dicke ≥ 15 mm	2300	0,90	
4 Bauplatten			
Wandbauplatten aus Gips	600 900 1200	0,29 0,41 0,58	5/10
Gipsplatten	800	0,25	8
Gipsfaserplatten	1150	0,32	13
Zementgebundene Faserplatten	1050	0,38	45

Materialdaten

Baustoff		Rohdichte ϱ [kg/m³]	Wärmeleitzahl λ [W/mK]	Diffusionswiderstandsfaktor μ [dimensionslos]
5 Mauerwerk einschließlich Fugen				
Vollklinker, Hochlochklinker, Keramikklinker		1800 2000 2200	0,81 0,96 1,20	50/100
Vollziegel, Hochlochziegel		1200 1400 1600 1800	0,50 0,58 0,68 0,81	5/10
Leichthochlochziegel mit Lochung A, B		700 800 900	0,32 0,34 0,37	5/10
Kalksand-Vollsteine, Kalksand-Lochsteine, Kalksand-Plansteine		1000 1200 1400	0,50 0,56 0,70	5/10
		1600 1800 2000	0,79 0,99 1,10	5/35
Porenbeton Blocksteine (G)		500 600 700 800	0,22 0,24 0,27 0,29	5/10
Vollsteine aus Leichtbeton (V)		700 900 1200	0,37 0,43 0,54	5/10
Hohlblocksteine aus Leichtbeton (Hbl) 2K Hbl, Breite = 300 mm 3K Hbl, Breite = 365 mm		600 800 1200	0,29 0,35 0,53	5/10
6 Wärmedämstoffe				
Holzwolle-Leichtbauplatten, Dicke ≥ 25 mm		360/460	0,060/0,150	2/5
PUR-Ortschaum		≥ 37	0,030	30/100
UF-Ortschaum		≥ 10	0,041	1/3
Korkdämmstoffe	WLG 045 WLG 050 WLG 055	80/500	0,045 0,050 0,055	5/10
Polystyrol, extrudiert (XPS)	WLG 030 WLG 035 WLG 040	25/60	0,030 0,035 0,040	80/250
Polystyrol, expandiert (EPS)	WLG 030 WLG 035 WLG 040	15/30	0,030 0,035 0,040	20/100
Schafwolle	WLG 040	30/40	0,040	1/3
Zelluloseflocken/-matten	WLG 045	35/80	0,045	1/2

Materialdaten				
Baustoff		Rohdichte ϱ [kg/m³]	Wärmeleitzahl λ [W/mK]	Diffusionswiderstandsfaktor μ [dimensionslos]
PUR-Hartschaum	WLG 020 WLG 025 WLG 030 WLS 032 WLG 035	30/40	0,020 0,025 0,030 0,032 0,035	30/100
Mineralische und pflanzliche Dämmstoffe	WLS 032 WLG 035 WLG 040 WLG 045 WLG 050	8/500	0,032 0,035 0,040 0,045 0,050	1
Schaumglas, nach DIN 18174	WLG 040 WLG 045 WLG 050 WLG 055	110/150	0,040 0,045 0,050 0,055	praktisch dicht
7 Holz, Holzwerkstoffe sowie Deckenplatten				
Eiche, Buche		800	0,20	40
Fichte, Kiefer, Tanne		600	0,13	40
Sperrholz, nach DIN 68705		800	0,15	50/400
Flachpressplatten DIN 68761 und 68763		700	0,13	50/100
Mineralfaser-Deckenplatten		380	0,05	1
8 Sonstige Stoffe				
Mineralische Trockenschüttung		530	0,19	
Blähperlite, nicht bituminiert		≤ 100	0,06	
Fliesen		2000	1,00	
Glas		2500	0,80	
Granit, Basalt, Marmor		2800	3,50	10000
Außenwandverkleidungen aus Keramik		2000	1,20	100/300
Stahl			60	
Kupfer			380	
Aluminium			200	
Wasser			0,58	

Bindemittel

Bindemittel Zement

Wichtige Normzemente nach DIN EN 197-1	
CEM I	Portlandzement
CEM II	Portlandhüttenzement
	Portlandpuzzolanzement
	Portlandflugaschezement
	Portlandschieferzement
CEM III	Hochofenzement
CEM IV	Puzzolanzement
CEM V	Kompositzement

Festigkeitsklassen und Kennzeichnung

Bezeichnung	Sackfarbe	Aufschrift
32,5 N	hellbraun	schwarz
32,5 R	hellbraun	rot
42,5 N	grün	schwarz
42,5 R	grün	rot
52,5 N	rot	schwarz
52,5 R	rot	weiß

Beispiel für eine Normbezeichnung eines Zements

Beispiel: Portlandhüttenzement EN 197-1 – CEM I 32,5 R

Erläuterung

CEM I – Zementart: Portlandzement
32,5 – Festigkeitsklasse (Druckfestigkeit in N/mm² nach 28 Tagen)
R – hohe Anfangsfestigkeit

Bindemittel Kalk

Baukalkarten nach DIN EN 459-1

Art	Benennung	Kurzzeichen	
Luftkalk	Weißkalk 90	CL 90	Die Ziffer im Kurzzeichen der Luftkalke gibt den Mindest-(CaO+MgO)-Anteil in % an.
	Weißkalk 80	CL 80	
	Weißkalk 70	CL 70	
	Dolomitkalk 85	DL 85	
	Dolomitkalk 80	DL 80	
Hydraulisch erhärtende Kalke	Hydraulischer Kalk 2	HL 2	Die Ziffer im Kurzzeichen der hydraulischen Kalke gibt die Mindest-Druckfestigkeit in N/mm² an.
	Hydraulischer Kalk 3,5	HL 3,5	
	Hydraulischer Kalk 5	HL 5	
	Natürlicher Hydraulischer Kalk 2	NHL 2	
	Natürlicher Hydraulischer Kalk 3,5	NHL 3,5	
	Natürlicher Hydraulischer Kalk 5	NHL 5	

<table>
<tr><th colspan="3">Bindemittel</th></tr>
<tr><td colspan="3"></td></tr>
<tr><td colspan="3">Gipsbinder nach DIN EN 13279-1</td></tr>
<tr><td rowspan="15">Gipsbinder für pulverförmige Produkte</td><td rowspan="7">B Gips-Putztrockenmörtel</td><td>B1 Gips-Putztrockenmörtel ($\geq$ 50 % Gips)</td></tr>
<tr><td>B2 gipshaltige Putztrockenmörtel ($<$ 50 % Gips)</td></tr>
<tr><td>B3 Gipskalk-Putztrockenmörtel ($>$ 5 % Kalk)</td></tr>
<tr><td>B4 Gipsleicht-Putztrockenmörtel</td></tr>
<tr><td>B5 gisphaltiger Leicht-Putztrockenmörtel</td></tr>
<tr><td>B6 Gipskalk-Leicht-Putztrockenmörtel</td></tr>
<tr><td>B7 Gips-Trockenmörtel für Putz mit erhöhter Oberflächenhärte</td></tr>
<tr><td rowspan="7">C Gips-Trockenmörtel für besondere Zwecke</td><td>C1 für Formteile aus faserverstärktem Gips</td></tr>
<tr><td>C2 für Gipsmörtel</td></tr>
<tr><td>C3 für Akustikputz</td></tr>
<tr><td>C4 für Wärmedämmputz</td></tr>
<tr><td>C5 für Brandschutzputz</td></tr>
<tr><td>C6 für Dünnlagenputz</td></tr>
<tr><td>C7 Gipsflächenspachtel</td></tr>
<tr><td>Gipsspachtel und Gipskleber</td><td>• Materialien für das Verspachteln von Gipsplattenfugen
• Gipskleber für Gips-Wandbauplatten
• Ansetzgips</td></tr>
<tr><td colspan="3">Gipsbinder zur Direktverwendung</td></tr>
<tr><td colspan="3">Gipsbinder zur Herstellung vorgefertigter Bauelemente (Gipsplatten, faserverstärkte Gipsplatten, Gipswandbauplatten)</td></tr>
</table>

Mauersteine

Mauersteine, Bezeichnung	Länge	Breite	Höhe
Maße in mm			
DF	240	115	52
NF	240	115	71
2DF	240	115	113
3DF	240	175	113
4DF	240	240	113
5DF	300	240	113
6DF	365	240	113
8DF	240	240	238
9DF	365	175	238
10DF	240	300	238
12DF	240	365	238
14DF	425	240	238
15DF	365	300	238
16DF	490	240	238
18DF	365	365	238
20DF	490	300	238
24DF	490	365	238

Putzmörtel nach DIN 18550				
Gruppe	**Art**	**Unter-gruppe**	**Bezeichnung**	**Zusammensetzung**
PI	Kalkmörtel	a	Luftkalkmörtel	1 RT Kalkhydrat + 3-4 RT Sand
		b	Wasserkalkmörtel	1 RT Kalkhydrat + 3-4 RT Sand
		c	Mörtel mit hydraulischem Kalk	1 RT Hydraulischer Kalk + 3-4 RT Sand
PII	Kalkzement-mörtel	a	Mörtel mit hochhydraulischem Kalk oder Putz- und Mauer-binder	1 RT Bindemittel + 3-4 RT Sand
		b	Kalkzementmörtel	2 RT Kalkhydrat + 1 RT Zement + 9-11 RT Sand
PIII	Zementmörtel	a	Zementmörtel mit Kalkhydrat	0,5 RT Kalkhydrat + 2 RT Zement + 6-8 RT Sand
		b	Zementmörtel	1 RT Zement + 3-4 RT Sand
PIV	Gipsmörtel	a	Gipsmörtel	1 RT Baugips
		b	Gipssandmörtel	1 RT Baugips + 1-3 RT Sand
		c	Gipskalkmörtel	1 RT Kalkhydrat + 0,5-2 RT Baugips + 3-4 RT Sand
		d	Kalkgipsmörtel	1 RT Kalkhydrat + 0,1-0,5 RT Baugips + 3-4 RT Sand

Druckfestigkeitsklassen der Putzmörtel (DIN EN 998-1)	
Druckfestigkeitsklassen	**Festigkeiten nach 28 Tagen**
CS I	0,4 – 2,5 N/mm²
CS II	1,5 – 5,0 N/mm²
CS III	3,5 – 7,5 N/mm²
CS IV	≥ 6 N/mm²

Betonbegriffe

Betonbezeichnung Beispiel: C 20/25

Erläuterung
C = Concrete (Beton)
20 = Zylinderdruckfestigkeit in N/mm² nach 28 Tagen Erhärtung
25 = Würfeldruckfestigkeit in N/mm² nach 28 Tagen Erhärtung

Betonarten	
Leicht-, Normal-, Schwerbeton	Beton mit einer Rohdichte ≤ 2,0 kg/dm³, 2,0 – 2,6 kg/dm³, ≥ 2,6 kg/dm³
Baustellenbeton	Beton, der auf der Baustelle hergestellt wird
Transportbeton	Beton, der im Betonwerk gemischt und mit Fahrzeugen zur Baustelle gebracht wird
Ortbeton	Beton, der in seiner endgültigen Position eingebracht wird und dort erhärtet
Betonerzeugnisse	Betonfertigteile, Betonwaren, die in Betonwerken hergestellt werden und im erhärteten Zustand eingebaut werden
unbewehrter Beton	Beton der keine statisch notwendigen Stahleinlagen enthält
bewehrter Beton	Stahlbeton. Beton mit Stahleinlagen (schlaff oder Spannbeton), die statische Aufgaben übernehmen

Plattenwerkstoffe

Gipsplatten nach DIN EN 250 und DIN 18 180

Typen der Gipsplatten

Typ	Bezeichnung	
Typ A	Standard-Gipsplatte	*Hinweis: Typen können je nach Anforderungen an die Platte gemischt werden.*
Typ D	Gipsplatte mit definierter Härte	
Typ F	Gipsplatte mit verbessertem Gefügezusammenhalt bei hohen Temperaturen	
Typ H	Gipsplatte mit reduzierter Wasseraufnahmefähigkeit (H1, H2 und H3)	
Typ I	Gipsplatte mit erhöhter Oberflächenhärte	
Typ P	Putzträgerplatte	
Typ R	Gipsplatte mit erhöhter (Biegezug-) Festigkeit	
Typ E	Gipsplatte für die Beplankung von Außenwandelementen (sheathing board)	

Kurzbezeichnungen für Standard-Gipsplatten

DIN EN 520	DIN 18 180	Plattenart	Kartonfarbe Ansichtsseite	Aufdruckfarbe der Kennzeichnung
Typ A	GKB	Bauplatten	weiß-gelblich	blau
Typ DF	GKF	Feuerschutzplatten	weiß-gelblich	rot
Typ H2	GKBI	Bauplatten imprägniert	grünlich	blau
Typ DFH2	GKFI	Feuerschutzplatten imprägniert	grünlich	rot
Typ P	GKP	Putzträgerplatten	grau	blau

Regelbreiten, Dicken

Platten-Typen A, D, F, H, I, R, E

	Dicke [mm]	Breite [mm]
nach DIN EN 520	9, 5 – 12,5 – 15 – 18	1250
weitere Dicken	20 – 25	600 – 625

Kantenformen

DIN EN 520 (oben: Ansichtsseite – unten: Plattenrückseite)

Kantenformen	Kürzel	Bezeichnung
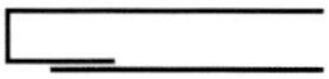	VK	Volle Kante
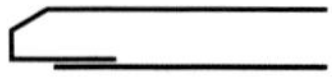	WK	Winkelkante
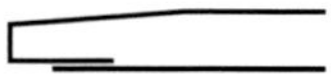	AK	Abgeflachte Kante
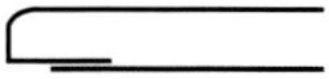	HRK	Halbrunde Kante
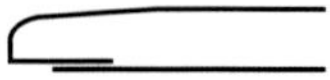	HRAK	Halbrunde abgeflachte Kante
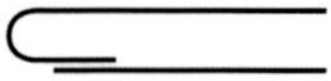	RK	Runde Kante

Plattenwerkstoffe	
Bezeichnung von Gipsplatten	
Beispiel: Gipsplatte DF – EN 520 – 12,5 × 1250 × 3000 – A2 – HRAK *Erläuterung* DF Plattentyp: Feuerschutzplatte EN 520 DIN-Norm 12,5 Dicke in mm 1250 Breite in mm 3000 Länge in mm A2 Baustoffklasse (nicht brennbar) HRAK halbrunde abgeflachte Kante	
Sonstige mineralische Platten	
Gipsfaserplatten GF nach DIN EN 15283-2	**bestehen aus:** Gips und recycelten Papierfasern Rohdichte i. d. R.: 1,0 – 1,25 kg/dm³ **Regelmaße:** Dicke: 10 – 42 mm Breite: 1000 – 1250 mm Länge: 1500 – 3000 mm **Einsatzgebiete:** Feuchte- und Brandschutzwerte entsprechen einer Gipsplatte Typ DFH2, wegen harter Oberfläche für Fertigteilestriche geeignet
Gipsvliesplatten GM nach DIN EN 1583-1	**bestehen aus:** Gips, der mit Glasfasern ummantelt ist **Regelmaße:** Dicke in mm: 6 – 10 – 12,5 – 15 – 20 – 25 Breite in mm: 900 – 1200 – 1250 **Einsatzgebiete:** Bauteile mit hohen Brandschutzanforderungen, da ohne organische Bestandteile
Calciumsilikatplatten CS	**bestehen aus:** mineralischen Baustoffen (Quarzsand, Kalziumoxid o. Ä.) und werden mit Zellulosefasern ähnlich wie Kalksandstein gehärtet **Eigenschaften:** hohe Festigkeit, sehr guter Brandschutz, feuchteresistent, wegen des hohen pH-Werts Anti-Schimmelpilzwirkung Als Typ H (hart) oder L (leicht) erhältlich
Zementgebundene Bauplatten	sind i. d. R. Platten mit einem Zementkern und mineralischen Zuschlagsstoffen, mit einem Glasfasergewebe armiert **Einsatzgebiete:** für Feuchträume geeignet
Plattenförmige Holzwerkstoffe	
Sperrholzplatten	**bestehen aus:** kreuzweise in ungerader Anzahl miteinander verleimte Holzlagen (nur aus Furnieren: Furniersperrholz, Mittellage Holzleisten: Stab- oder Stäbchensperrholz, Tischlerplatte) **Eigenschaften:** das Arbeiten des Holzes ist stark eingeschränkt
Spanplatten	**bestehen aus:** aus Holzspänen und Kunstharzkleber gemischt und gepresst, können beschichtet oder furniert sein Flachpressplatten (Späne in Plattenrichtung) Strangpressplatten (Späne quer zur Plattenrichtung), auch als Röhrenspanplatte für Türfüllungen oder Akustikelemente OSB-Platten (aus großflächigen Spänen), haben eine höhere Biegefestigkeit und können als aussteifendes Beplankungselement verwendet werden
Holzfaserplatten	**bestehen aus:** Holzfasern und Kunstharzkleber gemischt und gepresst **Eigenschaften:** Als Holzfaserhartplatte, mittelhart, mitteldicht, porös – je nach Dichte als Beplankungselement oder als Dämmstoff geeignet

Plattenwerkstoffe

Dämmstoffarten (Auswahl)

Mineralische Dämmstoffe	Kunststoff-Dämmstoffe (synthetische Dämmstoffe)	Organische Dämmstoffe	Lose Dämmstoffe (Schüttung, Verblasen)
Mineralwoll-Platten aus Stein- bzw. Glaswolle (MW) Schaumglas-Platten (CG) Blähperliteplatten	expandierter Polystryolschaum (EPS) extrudierter Polystyrolschaum (XPS) Polyurethan-Hartschaum (PUR) Polyethylen-Weichschaum (PE)	Platten aus Schafwolle, Baumwolle u. Ä. Platten aus Kokosfaser, Stroh, Schilfrohr, Kork, Holzfasern u. Ä.	mineralische Schüttung aus expandiertem Perlite (EP) organische Schüttung aus Zellulose (LFCI)

Anwendungsgebiete von Wärmedämmstoffen

Anwendungsgebiet	Kurzzeichen	Anwendungsbeispiele
Decke/Dach	DAD	Außendämmung von Dach oder Decke, vor Bewitterung geschützt, Dämmung unter Deckungen
	DAA	Außendämmung von Dach oder Decke, vor Bewitterung geschützt, Dämmung unter Abdichtungen
	DUK	Außendämmung des Daches, der Bewitterung ausgesetzt (Umkehrdach)
	DZ	Zwischensparrendämmung, zweischaliges Dach, nicht begehbare, aber zugängliche oberste Geschossdecken
	DI	Innendämmung der Decke (unterseitig) oder des Daches, Dämmung unter den Sparren/Tragkonstruktion, abgehängte Decke usw.
	DEO	Innendämmung der Decke oder Bodenplatte (oberseitig) unter Estrich ohne Schallschutzanforderungen
	DES	Innendämmung der Decke oder Bodenplatte (oberseitig) unter Estrich mit Schallschutzanforderungen
Wand	WAB	Außendämmung der Wand hinter Bekleidung
	WAA	Außendämmung der Wand hinter Abdichtung
	WAP	Außendämmung der Wand unter Putz
	WZ	Dämmung von zweischaligen Wänden, Kerndämmung
	WH	Dämmung von Holzrahmen- und Holztafelbauweise
	WI	Innendämmung der Wand
	WTH	Dämmung zwischen Haustrennwänden mit Schallschutzanforderungen
	WTR	Dämmung von Raumtrennwänden
Perimeter	PW	Außen liegende Wärmedämmung von Wänden gegen Erdreich (außerhalb der Abdichtung)
	PB	Außen liegende Wärmedämmung unter der Bodenplatte gegen Estrich (außerhalb der Abdichtung)

Plattenwerkstoffe

Zusätzliche Anforderungen an Dämmstoffe

Eigenschaft	Kurzzeichen	Beschreibung	Beispiel
Druckbelastbarkeit	dk	keine	Hohlraumdämmung, Zwischensparrendämmung
	dg	gering	unter Estrichen im Wohn- und Bürobereich
	dm	mittel	nicht genutztes Dach mit Abdichtung
	dh	hoch	genutzter Dachraum
	ds	sehr hoch	Industrieböden, Parkdeck
	dx	extrem hoch	hoch belastete Industrieböden, Parkdeck
Wasseraufnahme	wk	keine Anforderungen	Innendämmung
	wf	durch flüssiges Wasser	Außendämmung Wand und Dächer
	wd	durch flüssiges Wasser und/oder Diffusion	Perimeterdämmung, Umkehrdach
Zugfestigkeit	zk	keine Anforderungen	Hohlraumdämmung, Zwischensparrendämmung
	zg	gering	Außendämmung Wand hinter Bekleidung
	zh	hoch	Außendämmung Wand unter Putz
Schalltechnische Eigenschaften	sk	keine schalltechnischen Anforderungen	ohne schalltechnische Anforderungen
	sh	Trittschalldämmung, hohe Zusammendrückbarkeit	schwimmender Estrich, Haustrennwände
	sm	Trittschalldämmung, mittlere Zusammendrückbarkeit	
	sg	Trittschalldämmung, geringe Zusammendrückbarkeit	
Verformung	tk	keine Anforderungen	Innendämmung
	tf	Dimensionsstabilität unter Feuchte und Temperatur	Außendämmung der Wand unter Putz, Dach mit Abdichtung
	tl	Verformung unter Last und Temperatur	Dach mit Abdichtung

Verbundplatten

bestehen aus einer Trägerplatte mit aufgeklebtem Dämmstoff
Einsatz Wand und Decke: Wärmeschutz bei Innendämmung, mit MW auch Schallschutz
Einsatz Boden: Wärmeschutz Fußboden, mit Trittschalldämmplatte auch Schallschutz

Arten Verbundplatten

Trägerplatte	Dämmmstoff	Übliche Dämmstoffdicken [mm]
Gipsplatten 9,5 mm – 12,5 mm Gipsfaserplatten Spanplatten Holzfaserplatten	EPS XPS PUR MW	20 – 30 – 40 – 50 – 60 – 80

Standard-Profile für Wand- und Deckenkonstruktionen – DIN EN 14 195 + DIN 18 182-1

Profilarten

Bild	Bezeichnung	Kurzzeichen	h [mm]	b [mm]	s [mm]
	C-Deckenprofil	CD 60	60	27	0,6
	U-Deckenprofil	UD 28	28,5	27	0,6
	Wand-Ständerprofil	CW 50 CW 75 CW 100	48,8 73,8 98,8	50 50 50	0,6 0,6 0,6
	Wand-Anschlussprofil	UW 50 UW 75 UW 100	50 75 100	40 40 40	0,6 0,6 0,6
	UA-Aussteifungsprofil	UA 50 UA 75 UA 100	48,8 73,8 98,8	40 40 40	2,0 2,0 2,0
	L-Wandinneneckprofil	LWi 50 LWi 60	50 60	50 60	0,6 0,6
	L-Wandaußeneckprofil	LWa 50 LWa 60	50 60	50 60	0,6 0,6
	Spezialprofile mit besonderer Flanschenprofilierung, Sicken und Faltungen zur Verbesserung von Stabilität und Schallschutz sind möglich.				

Bezeichnung von Profilen

Beispiel: Ständerprofil CW 100×50×06 – Z 100

Erläuterung

CW CW-Ständerprofil
100 Steghöhe in mm
50 Flanschbreite in mm
06 Blechdicke = 0,6 mm
Z 100 Zinkauflage als Korrosionsschutz 100 g/m² zweiseitig

Vollholz

Handelsformen

Balken	h > 20 cm
Kantholz	b > 40 mm, h ≥ b
Brett	d ≤ 40 mm, b ≥ 80 mm
Bohle	d > 40 mm, b > 3 · d
Latte	24×48, 30×50, 40×60 mm
Profilbretter	aus Vollholz, als Beplankungselement für Wand und Decke

Sortier- und Festigkeitsklassen

Sortierklasse	Bezeichnung	Festigkeitsklasse (DIN EN 1912)
S7	geringe Tragfähigkeit	C18
S10	übliche Tragfähigkeit	C24
S13	überdurchschnittliche Tragfähigkeit	C30

Holzfeuchte

Definition: Die Holzfeuchte gibt das Verhältnis der im Holz enthaltenen Wassermasse zur Holz-Trockenmasse in Prozent an:

$$u = \frac{m_w}{m_0} \cdot 100\ \%$$

trockenes Bauholz: Holzfeuchte ≤ 20 %

Befestigungsmittel

Schnellbauschrauben nach DIN 18182-2

Form	Bild	Beschreibung	Nenn-Ø	Nenn-Länge	Anwendungsgebiete
TN		Trompetenkopf, selbstschneidende Spitze	3,5 4,0 4,3	25 35 45 55	Gipsplatten auf Holz oder Metall-UK bis 0,7 mm Blechdicke
TB		Trompetenkopf, Bohrspitze	3,5	25 35 45 55	Platten auf Metall-UK mit Blechdicken ≤ 2,25 mm
SN		Senkkopf, Blechschraubengewinde	3,5	30 35	Gips-Lochplatten auf Holz oder Metall-UK bis 0,7 mm Blechdicke
FN		Flachrundkopf	4,3 5,1 5,5	35	Abhänger in Stahlblech oder Holz
LN		Blechschraube Linsenkopf mit Nagelspitze	3,5 3,6	9,5 16	Verschrauben von Metallprofilen (Blechdicke ≤ 0,7 mm) – bei Blechdicken über 0,7 mm: LB – Blechschrauben mit Bohrspitze)

Bezeichnung von Schrauben

Beispiel: Schnellbauschraube DIN 18182 – TN 4,3 × 35

Erläuterung

TN Trompetenkopf Normalgewinde
4,3 Nenn-∅ 4,3 mm
35 Nenn-Länge 35 mm

Befestigungsmittel

Nägel nach DIN 18182-2

Schaftform	Nagelschaft-Ø	Nagelkopf-Ø	Nagellänge
G = glatt	2,2	5,0	37 – 50
	2,5	5,5	40 – 70
	2,8	6,0	52 – 70
R = gerillt	2,2	5,0	28 – 50
	2,5	5,5	30 – 70
	2,8	6,0	41 – 70

Bezeichnung von Nägeln

Beispiel: Nagel Din 18182 – 25 × 35 R

Erläuterung

25 10 × Schaftdurchmesser in mm

35 Nagellänge in mm

R Schaft gerillt (G bei glattem Schaft)

Klammern nach Din 18182-2

Typ	Draht-Ø d_n	Rückenbreite b_R	Länge l_n
A	1,0 – 1,3	5,0 – 8,4	29 – 32
B	1,0 – 1,3	8,5 – 11,5	29 – 40
C	1,31 – 1,49	9,0 – 12,0	35 – 40
D	1,5 – 1,6	9,0 – 12,0	37 – 65

Bezeichnung von Klammern

Beispiel: Klammer DIN 18182 – A – 29

Erläuterung

A Klammertyp

29 Länge in mm

Die Klammern können beharzt sein.

Beispiele für Dübel

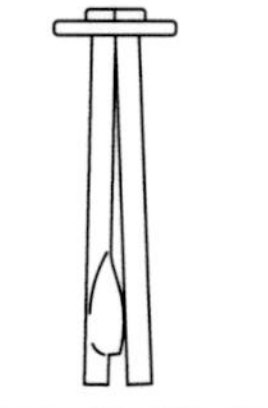	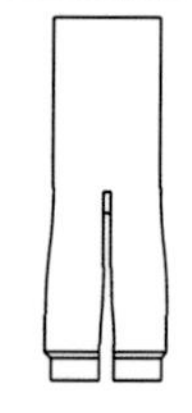		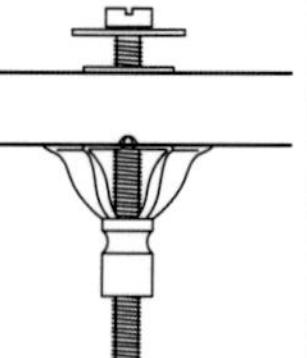	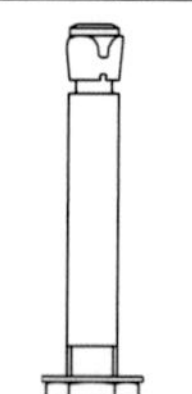
 **Keilnagel** Befestigung von Wandanschlüssen und Unterdecken	**Einschlaganker** Befestigung von Unterdecken	**Porenbetondübel** Befestigung in Porenbeton-Untergründen	**Hohlraumdübel** Befestigung in Montagewänden und Unterdecken	**Schwerlastanker** Befestigung von höheren Lasten in Stahlbeton

Belastungen von Wänden und Vorsatzschalen nach DIN 4103

Einbaubereiche

Einbaubereich 1	Bereiche mit geringer Menschenansammlung, wie z. B. in Wohnungen, Hotel-, Büro- und Krankenräumen und ähnlich genutzten Räumen, einschließlich der Flure.
Einbaubereich 2	Bereiche mit großer Menschenansammlung, wie z. B. in größeren Versammlungsräumen, Schulräumen, Hörsälen, Ausstellungs- und Verkaufsräumen und ähnlich genutzten Räumen. Außerdem Trennwände zwischen Räumen mit einem Höhenunterschied der Fußböden ≥ 1,00 m.

Standfestigkeitsnachweise

Die DIN 4103 „nichttragende innere Trennwände“ legt fest, welche Belastung Trennwände aushalten müssen und bestimmt die Prüfungen:

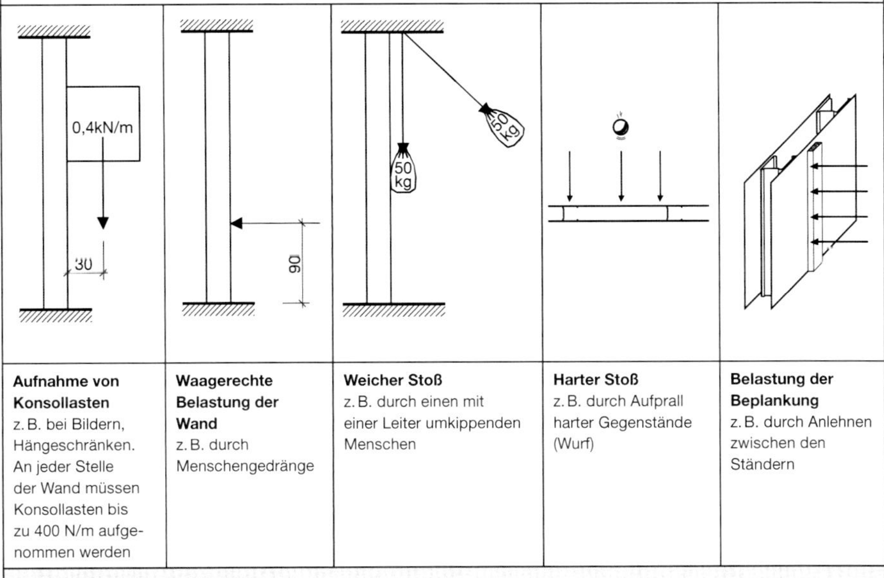

Aufnahme von Konsollasten	**Waagerechte Belastung der Wand**	**Weicher Stoß**	**Harter Stoß**	**Belastung der Beplankung**
z. B. bei Bildern, Hängeschränken. An jeder Stelle der Wand müssen Konsollasten bis zu 400 N/m aufgenommen werden	z. B. durch Menschengedränge	z. B. durch einen mit einer Leiter umkippenden Menschen	z. B. durch Aufprall harter Gegenstände (Wurf)	z. B. durch Anlehnen zwischen den Ständern

Befestigungsrichtung bei Gipsplatten

Längsbefestigung: Kartonfaser (Laufstempel) verläuft in Richtung der Unterkonstruktion
Querbefestigung: Kartonfaser (Laufstempel) verläuft quer zur Unterkonstruktion
Bei Querbefestigung hat die Platte eine höhere Biegezugfestigkeit

Trennwände aus Wandbauplatten nach DIN 4103-2

Aufbau: Gips-Wandbauplatten mit durchlaufenden waagerechten Fugen, mit Gipskleber verbunden.
Max. zulässige Wandhöhe [m] je nach Plattendicke, -dichte und Einbaubereich.

Einbaubereich	**Plattendicke**						
	60 mm	80 mm			100 mm		
	L, M, D	L	M	D	L	M	D
1	3,50	4,50	4,50	4,50	7,00	7,00	7,00
2	2,00	3,00	4,00	4,00	4,50	5,50	5,50

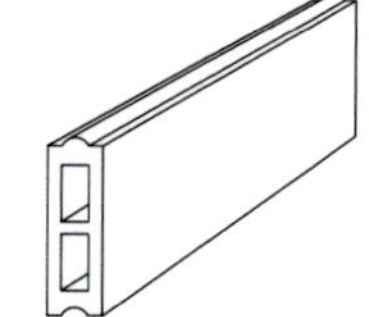

Plattenrohdichte: L = niedrig, M = mittel, D = hoch

Wandtrockenputz und Vorsatzschalen

Wandtrockenputz	Wandtrockenputz mit Verbundplatten	Vorsatzschale freistehend	Vorsatzschale d1 direkt oder d2 mit Justierschwingbügeln befestigt.

Je nach feuchtetechnischer Berechnung ist auf der warmen Seite der Dämmung eine Dampfbremse/Dampfsperre anzuordnen.

Wandtrockenputz, Befestigung mit Gipsbatzen

3 Batzenreihen, Batzenabstand 30–35 cm, Batzen-∅ 10–12 cm

Vorsatzschale, freistehend: zulässige Wandhöhen

Vorsatzschalentyp	**Wandhöhe [m]**	
	EB 1	EB 2
V-CW 50/62,5	2,50	–
V-CW 50/75	2,60	–
V-CW 75/87,5	3,00	2,50
V-CW 75/100	3,50	2,75
V-CW 100/112,5	4,00	3,00
V-CW/100/125	4,25	3,50

Vorsatzschale, freistehend:
Ständer- und Befestigungsabstände siehe Montagewände Seite 41

Vorsatzschale, befestigt:

Bügelabstand der Direktabhänger bzw. Justierschwingbügel ≤ 1,25 m

Montagewände

Auswahlblatt für Montagewände mit Gipsplatten (GKB/Typ A) – Stabilität und Schallschutz

Bauart/Schema	Wandbezeichnung (Steghöhe/ Wanddicke)	Max. Wandhöhe [mm] bei 0,6 mm starken CW-Profilen nach **Einbaubereich** (Anwendungs-bereich) 1 oder 2		Dämmstoff-dicke	Bewertetes Schalldämm-maß R_w
		1	2	mm	dB
Einfachständerwände einlagig beplankt	CW 50/75	3000	2750	40	43
	CW 75/100	4500	3750	40 60	43 45
	CW 100/125	5000	4250	40 60 80	44 45 49
Einfachständerwände zweilagig beplankt	CW 50/100	4000	3500	40	54
	CW 75/125	5500	5000	40 60	54 55
	CW 100/150	6500	5750	40 60 80	54 55 58
Doppelständerwände zweilagig beplankt, Ständer verklebt	CW 50 + 50/155	4500	4000	40 2×40	59 62
	CW75 + 75/205	6000	5500	40 2×40	62 63
	CW100 + 100/255	6500	6000	40 80 2×80	60 62 65
Doppelständerwände zweilagig beplankt, Ständer verlascht	CW50 + 50/270	4500	4000	40	54
	CW75 + 75/310	6000	5500	40	54
Einfachständerwände dreilagig beplankt	CW 100/175	8000	7500	60	59
	CW 125/200	9000	8000	80	63

Montagewände

Auswahlblatt für Montagewände mit Gipsplatten auf Metall-Unterkonstruktion – Brandschutz

a) nach DIN 4102-4

Feuerwiderstandsklasse	**Dämmstoffdicke [mm]**	**Dämmstoff-Rohdichte [kg/m³]**	**Beplankung Gipsplatten Typ DF (GKF) [mm]**
EI 30 (F30-A)	40	30	12,5
EI 60 (F60-A)	40	40	2×12,5
EI 90 (F90-A)	40 80 60	40 30 50	15+12,5 2×12,5 2×12,5

b) nach allgemeinen bauaufsichtlichen Prüfzeugnissen (abP) der Hersteller

Feuerwiderstandsklasse	**Dämmstoffdicke [mm]**	**Dämmstoff-Rohdichte [kg/m³]**	**Beplankung Gipsplatten Typ DF (GKF) [mm]**	**Zulässige Wandhöhe [m]**
EI 30 (F30-A)	nicht erforderlich	keine Anforderung	1×12,5 GKF	5
EI 30 (F30-A)			2×12,5 GKB	5
EI 60 (F60-A)			2×12,5 GKF	5
EI 90 (F90-A)			2×12,5 GKF	5
EI 90 (F90-A)	80	30	2×12,5 GKF	7

Eindringtiefen von Schrauben und Nägeln

Schrauben einlagig auf Metall-UK	Schrauben mehrlagig auf Metall-UK	Schrauben einlagig auf Holz-UK	Schrauben mehrlagig auf Holz-UK	Nägel auf Holz-UK
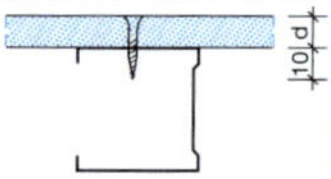 d, 10	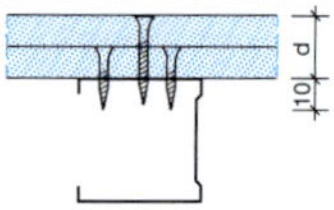 d, 10	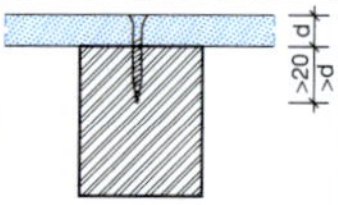 d, ≥20, ≥d	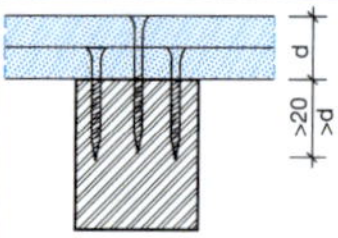 d, ≥20, ≥d	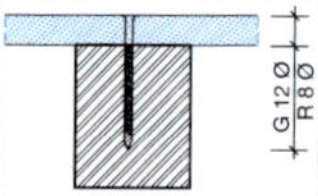 G 12 Ø, R 8 Ø

Maximaler Abstand der Befestigungsmittel von Gipsplatten an Wänden

Schrauben	GK 9,5–25 mm	1. Lage 2. Lage	750 mm 250 mm
Nägel	GK 9,5–18 mm	1. Lage 2. Lage	350 mm 170 mm
Klammern	GK 9,5–18 mm		80 mm

Maximaler Abstand für die Befestigungsmittel der Unterkonstruktion für Montagewände an Boden, Decke und Anschlusswand: ≤ 1,00 m

Montagewände

Zulässige Spannweite der Gipsplatten bei Wänden (Ständerabstand)

Plattendicke [mm]	**Zulässige Spannweite L [mm] bei**	
	Querbefestigung	Längsbefestigung
12,5	650	625
15	750	
18	900	
20	1000	
25	1250	600
Ständerabstand:	bei Fliesenbelag und einlagiger Beplankung: 42 cm, bei gebogenen Wänden: 31,25 cm	

Weitere Trennwandmaße

- Ständerprofile 10 – 15 mm kürzer als lichtes Maß zwischen UW-Profilen, Einstandsmaß der Ständer ≥ 15 mm
- Dämmwolle ca. 1 cm breiter als Profilabstand schneiden
- Horizontalstöße der Platten um mind. 40 cm versetzen
- Gipsplatten 10 – 20 mm kürzer als lichtes Raummaß schneiden
- Abstand der Schrauben von geschnittenen Plattenkanten: ≥ 15 mm
- Abstand zu kartonummantelten Kanten ≥ 10 mm

Anordnung von Dehnungsfugen
- generell bei Dehnungsfugen in Massivwänden
- im Massivbau ab Wandlängen ≥ 15 m
- im Skelettbau ab Wandlängen ≥ 10 m
- mit Gipsfaserplatten ab Wandlängen ≥ 8 m

Installationswände
- Aussteifung mit Gipsplattenstreifen in den Drittelspunkten
- Höhe der Plattenstreifen h = 30 cm, mind. 6 Schrauben/Platte

Weitere Trennwandmaße – Deckenanschlüsse

Deckenverformungen
aus Verkehrslasten — Maßnahmen
- 0 – 1,5 cm: starrer Deckenanschluss (im Brandschutz 0 – 1 cm)
- 1 – 2 cm: gleitender Deckenanschluss
- >2 cm: Sonderkonstruktionen (Wand in Wand)

Der gleitende Deckenanschluss vermindert den Schallschutz um ca. 2 dB

Unterdecken und Deckenbekleidungen

Gipsplattendecken

Bezeichnungen Unterdecken
Deckenbekleidung: Unterkonstruktion unmittelbar an der Rohdecke verankert
Unterdecke: Unterkonstruktion mittels Abhänger an der Rohdecke verankert
Kurzzeichen (Beispiele):
- HD 30 + 30/12,5 Holz-UK mit Grund- und Traglattung, einlagig 12,5 mm beplankt
- CD 27 + 27/12,5 Metall-UK mit Grund- und Tragprofilen, einlagig 12,5 mm beplankt
- CD 27/12,5 Metall-UK niveaugleiche Unterdecke, einlagig 12,5 mm beplankt

Lastklassen

Unterdecken werden in 3 Lastklassen eingeteilt:
- bis 0,15 kN/m²
- 0,15 bis 0,30 kN/m²
- 0,30 bis 0,50 kN/m²

Danach richten sich die UK- und Abhängerabstände

Unterdecken und Deckenbekleidungen

Abhänger: Lastklassen und Tragfähigkeitsklassen

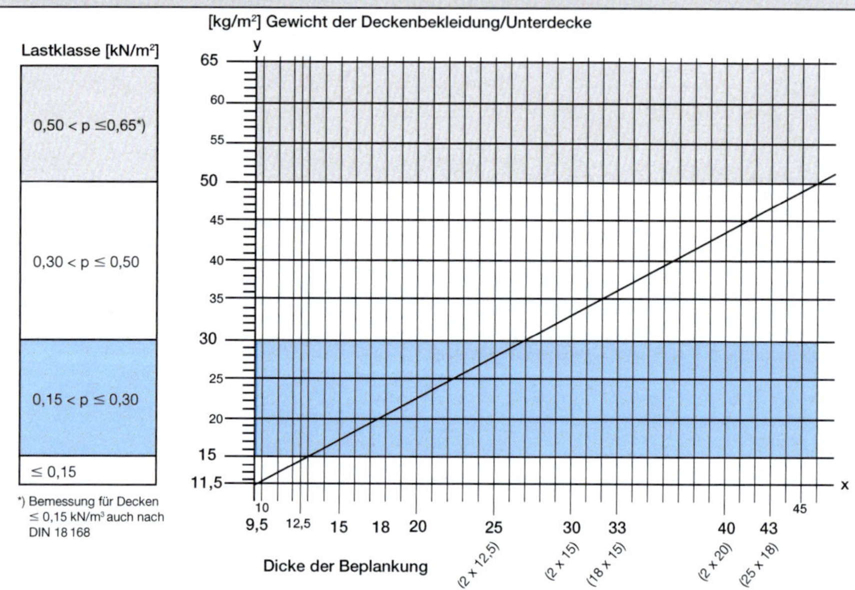

Metall-Abhänger werden in folgende Lastklassen eingeteilt:
zul. F = 0,15 kN
zul. F = 0,25 kN (meist Schnellspannabhänger)
zul. F = 0,40 kN (meist Nonius- bzw. Direktabhänger)

Abstände der Unterdecken-Elemente

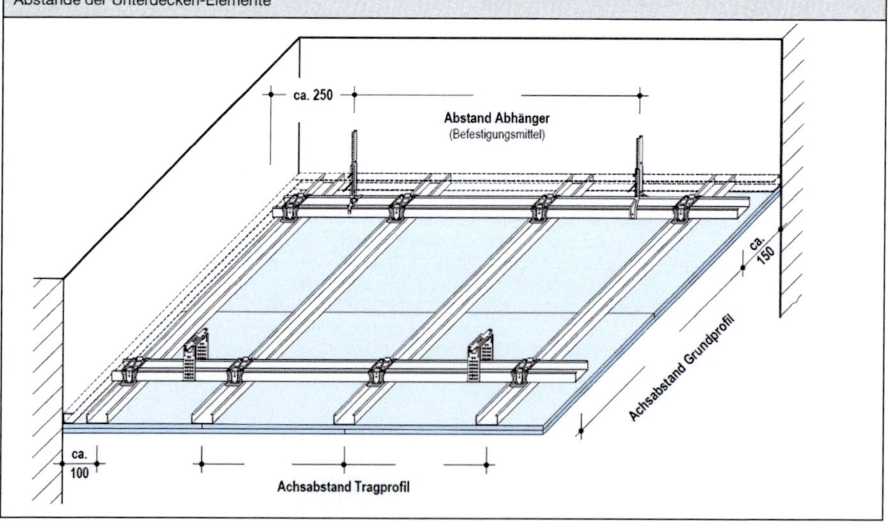

Unterdecken und Deckenbekleidungen

Spannweite der Gipsplatten = Abstände der Traglattung/Tragprofile [mm]

Plattenart	Plattendicke [mm]	Spannweite Gipsplatten = Abstände Tragprofile	
		Querbefestigung	Längsbefestigung
geschlossene Gipsplatten	12,5	500	420
	15	550	
	18	625	
	20	625	
	25	800	
	2×12,5	500	
gelochte Gipsplatten	9,5	320	–
	12,5	500	

Spannweiten der Unterkonstruktion von Unterdecken und Deckenbekleidungen [mm]

Unterkonstruktionen		zulässige Spannweiten bei einer Gesamtlast von:			
		bis 0,15 kN/m²	bis 0,30 kN/m²	bis 0,50 kN/m²	
Metall-UK abgehängt befestigt					
Grundprofil	CD 60	900	750	600	= Abstand Abhänger
Tragprofil	CD 60	1000	1000	750	= Abstand Grundprofile
Holz-UK direkt befestigt					
Grundlattung	48×24	750	650	600	= Abstand Abhänger
	50×30	850	750	600	
	60×40	1000	850	700	
Traglattung	48×24	700	600	500	= Abstand Grundprofile
	50×30	850	750	600	
Holz-UK abgehängt befestigt					
Grundlattung	30×50	1000	850	700	= Abstand Abhänger
	40×60	1200	1000	850	
Traglattung	48×24	700	600	500	= Abstand Grundlattung
	50×30	850	750	600	

Achsabstände bei niveaugleichen Gipsplattendecken mit Metall-UK [mm]

Achsabstand Grundprofil	Achsabstand Tragprofil	Achsabstand Abhänger bei einer Lastklasse:		
		bis 0,15 kN/m²	bis 0,30 kN/m²	bis 0,50 kN/m²
1250	500	1100	650	
	400			650

Unterdecken und Deckenbekleidungen

Achsabstände der Tragkonstruktion bei Gipsfaserplatten

Einbausituation je nach Luftfeuchte	maximale Achsabstände der Traglattung/Tragprofile in mm je nach Plattendicke			
	10 mm	12,5 mm	15 mm	18 mm
haushaltsübliche Luftfeuchtigkeit[1)]	420	500	550	625
zeitweise höhere Luftfeuchtigkeit[2)]	335	420	500	550

[1)] z. B. häusliche Feuchträume
[2)] jedoch nicht in dauerfeuchten Räumen

Schraubabstände, Randabstände, Sonstiges

Schraubabstand Decke einlagig: 17 cm
Schraubabstand Decke zweilagig, innere 1. Lage: 50 cm
UD-Randprofil Befestigungsabstand:

- wenn tragend: ≤ 625 mm
- wenn nicht tragend: ≤ 1000 mm

Abstand 1. Abhänger – Wand: ≤ 30 cm
Wenn Zusatzlasten bei Decken ≥ 6 kg/m²: an zusätzlichen Abhängern befestigen
Anzahl Abhänger bei Gipsplattendecken (auch Lochplatten): 1 Abhänger/1,5 m² Decke

Mineralplattendecken

Deckenaufbau

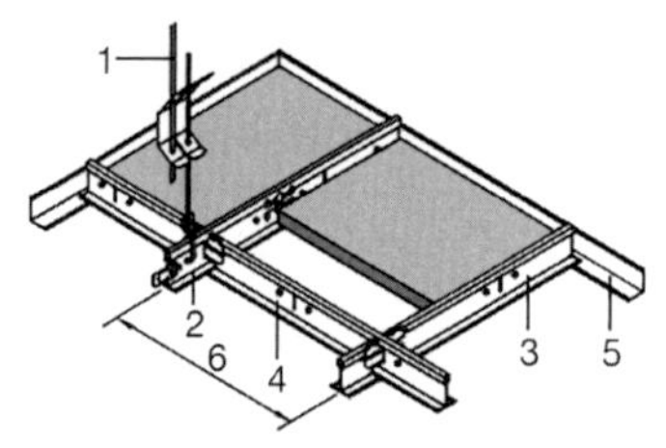

a) **sichtbares System** (Einlegemontage) mit Tragprofilen und Verbindungsprofilen lang (1250 bzw 1200 mm) und kurz (625 bzw. 600 mm)

1. Abhängesystem
2. Tragprofil
3. Verbindungsprofil kurz 625 (600) mm
4. Verbindungsprofil lang 1250 (1200) mm
5. Wandprofil
6. Abmessung MW-Deckenplatte

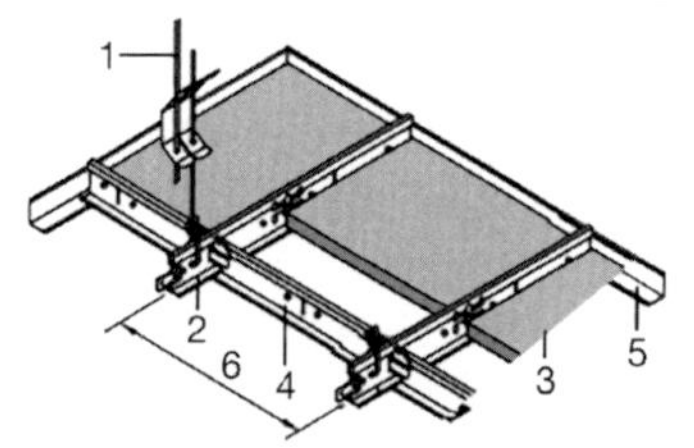

b) **sichtbares System** (Einlegemontage) mit Tragprofilen und Verbindungsprofilen kurz (625 bzw. 600 mm)

1. Abhängesystem
2. Tragprofil
3. MW-Deckenplatte
4. Verbindungsprofil kurz 625 (600) mm
5. Wandprofil
6. Abmessung MW-Deckenplatte

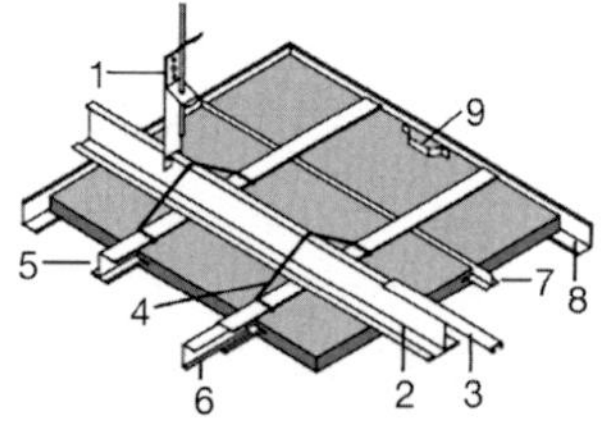

c) **verdecktes System** (Einschubmontage)

1. Abhängesystem
2. Abhängeprofil a ≤ 1250 mm
3. Profil-Verbinder
4. Federklammer
5. Z-Profil a ≤ 625 mm
6. Kupplung Z-Profil
7. T-Zwischenprofil
8. Wandprofil
9. Wandfeder

Unterdecken und Deckenbekleidungen			
Zulässige Achsabstände der Abhänger in m			
Achsabstand Hauptprofile	120/125 cm	60/62,5 cm	≤ 40 cm
Abhängeabstand Noniussystem	1,25	1,50	1,80
Abhängeabstand Ösendraht und Schnellabhänger	1,25	1,50	1,75
Befestigungsabstand der **Randprofile**: ≤ 300 mm (im Brandschutz ≤ 250 mm)			
Einbaubedingungen für Mineralplatten • Nutzungstemperatur der Räume zwischen 11 °C und 35 °C • relative Luftfeuchte nicht höher als 70 %			

Kantenformen	
scharfkantig *(Kante 3)*	gefalzt und gefast *(Kante 6 und 7)*
gefalzt *(Kante 5)*	genutet, gefast und vorderschnitten *(Kante 1a)*
gefast	genutet, gefast und hinterschnitten *(Kante 1)*
genutet	genutet, gefalzt und gefast *(Kante 4)*

Estriche

Estrichbauarten

Nassestriche

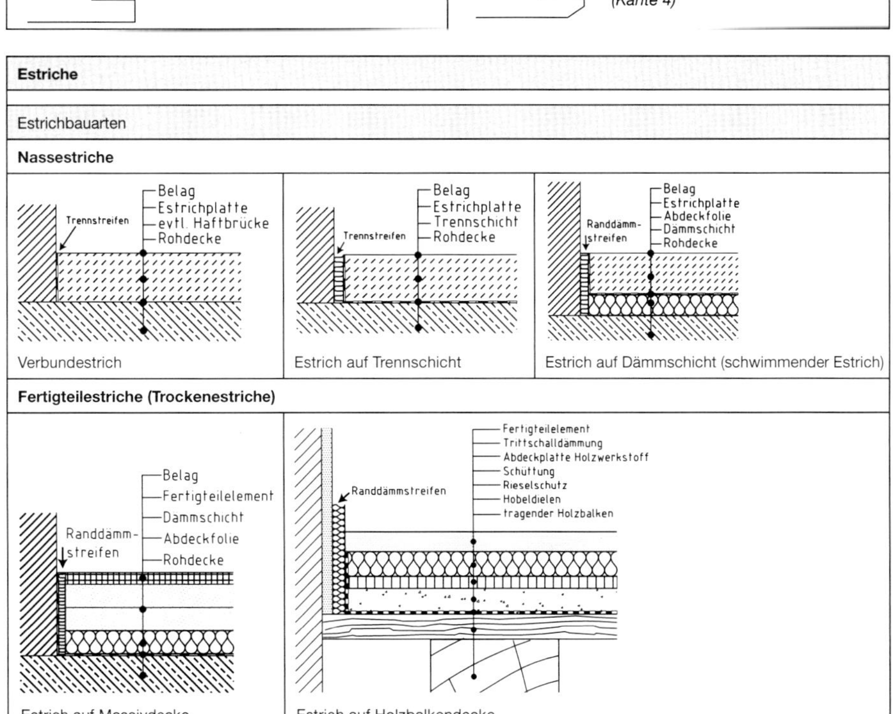

Verbundestrich

Estrich auf Trennschicht

Estrich auf Dämmschicht (schwimmender Estrich)

Fertigteilestriche (Trockenestriche)

Estrich auf Massivdecke

Estrich auf Holzbalkendecke

Estriche

Hohlraum- und Doppelböden

Hohlraumboden: Stützen oder Hohlschalungssystem mit Nassestrich (meist Fließestrich)
Doppelboden: Stützen mit Belag aus Fertigelementen aus Mineralstoffplatten oder Holzwerkstoffplatten. Diese Platten können in einer Stahlblechwanne eingebettet sein.

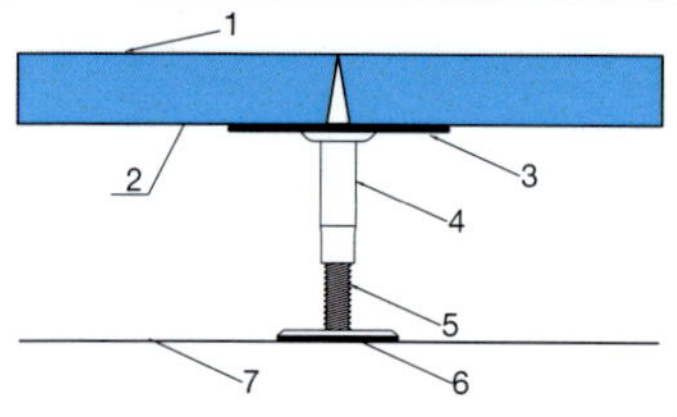

1. Bodenbelag
2. Bodenplatte (evtl. in Stahlblecheinbettung)
3. Stützenkopf (evtl. mit Auflage)
4. Rohr
5. Spindel
6. Fußplatte, am Unterboden verklebt (evtl. verdübelt)
7. Unterboden

Estrichbaustoffe

Estrichplatte Nassestrich:

- CT – Zementestrich
- CA – Calziumsulfatestrich (früher Anhydritestrich)
- MA – Magnesiaestrich
- AS – Gussasphaltestrich
- SR – Kunstharzestrich

Bezeichnung: schwimmender Estrich gemäß DIN 18560
Beispiel: CT – C25 – F4 – S50

Erläuterung

CT – Zementestrich
C25 – Druckfestigkeit 25 N/mm²
F4 – Biegezugfestigkeit 4 N/mm²
S50 – Dicke 50 mm

Plattenwerkstoffe Fertigteilestrich

- Holzwerkstoffplatten (Spanplatten, OSB, Sperrholz, zementgebunden), Stöße Nut- und Feder, bzw. Stufenfalz
- Gipsfaserplatten (versetzt geklebt)
- können mit Dämmstoffen als Verbundplatten werkseitig kaschiert werden

Dicht- und diffusionsoffene Bahnen

Dichtbahnen: PE-Folie
diffusionsoffene Bahnen: Bitumenpapier, Natronkraftpapier

Schüttungen

Granulat aus Perlite, Kork, Schaumglas

Dachgeschossausbau

Begriffe

Dachteile

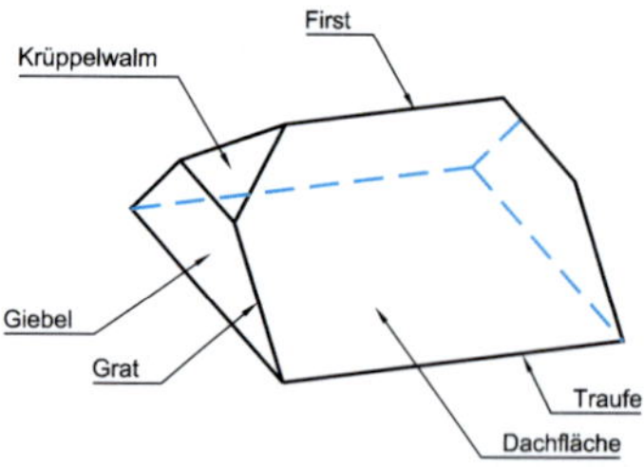

Dachgeschossausbau

Dachkonstruktionen

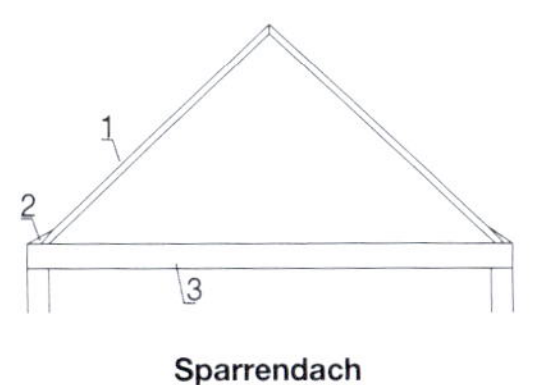 **Sparrendach**	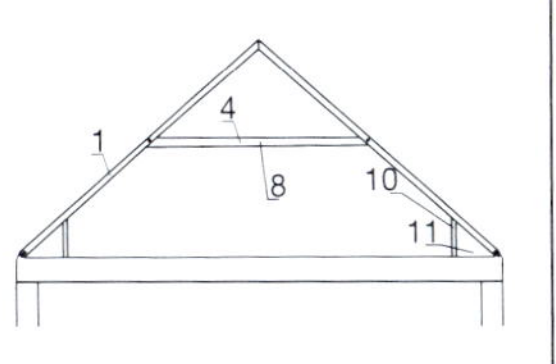 **Kehlbalkendach**	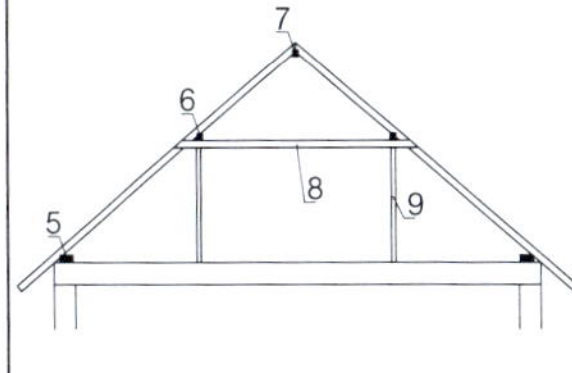 **Pfettendach**

1 Sparren
2 Aufschiebling
3 Decke
4 Kehlbalken
5 Fußpfette
6 Mittelpfette
7 Firstpfette
8 Zangen
9 Pfosten/Stuhl
10 Abseitenwand
11 Abseite

Spannweiten der Beplankung (= max. Achsabstände der UK)

Beplankung	max. Achsabstände der Traglattung (Tragprofile/Sparren/Balken) [mm] bei Querbefestigung	
Dicke [mm]	Schrägdach/Unterdecke	Abseitenwand
12,5; 2 × 12,5; 25 + 12,5	500	625
15; 18 + 15	550	750
2 × 18	625	900
20; 25	800	1000

Dämmarten im Steildach

Zwischensparrendämmung, belüftet, Kaltdach

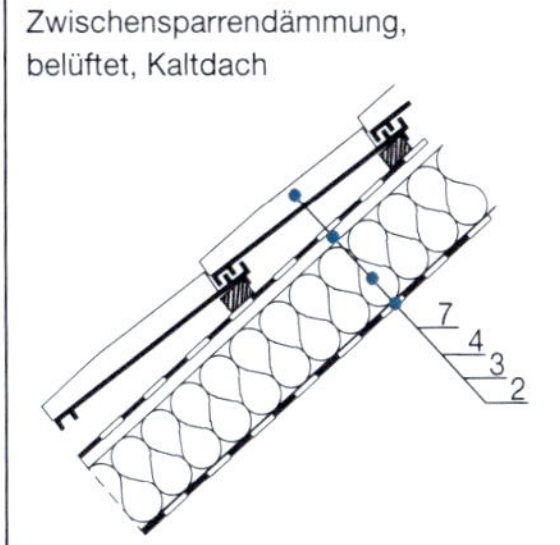

Zwischensparrendämmung, unbelüftet, Vollsparrendämmung, Warmdach

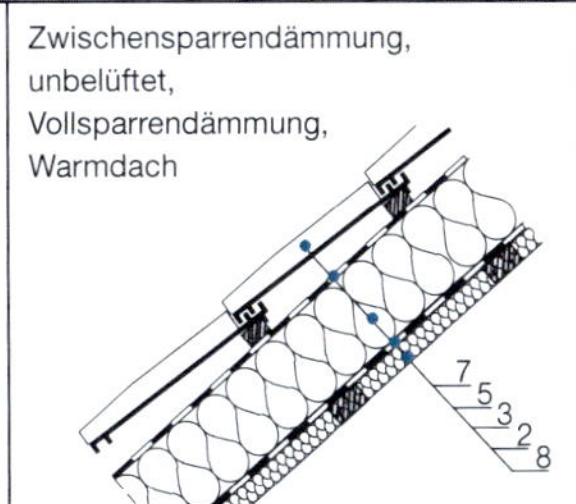

Aufsparrendämmung

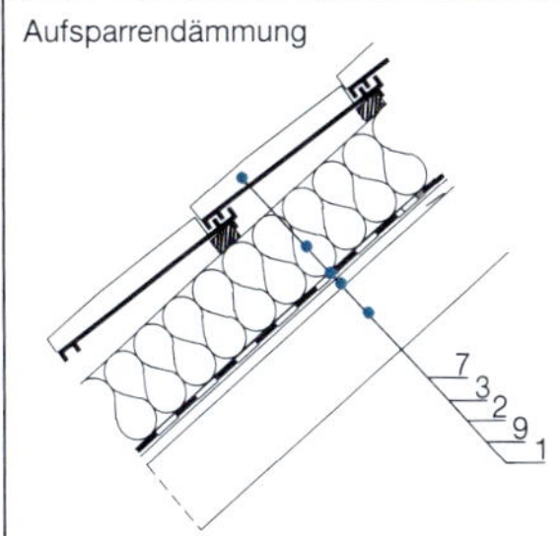

Untersparrendämmung, belüftet, Kaltdach

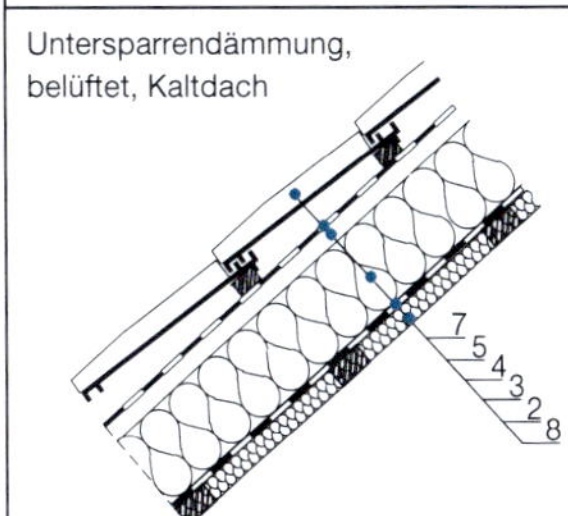

Untersparrendämmung, unbelüftetet, Warmdach

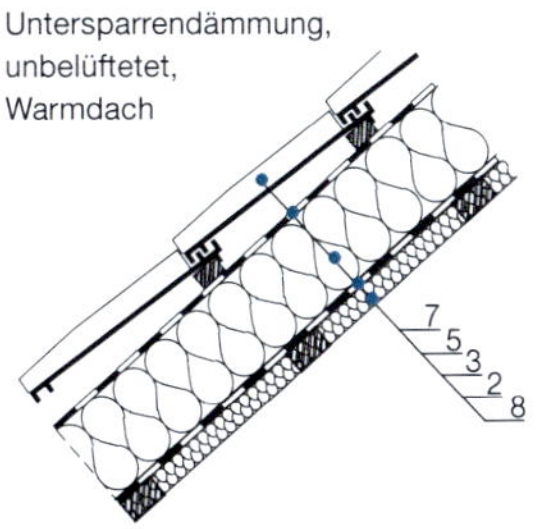

Legende
1 Sparren
2 Dampfsperre, Klimafolie
3 Wärmedämmstoff
4 Luftschicht
5 diffusionsoffene Unterspannbahn
6 Lattung
7 Dachdeckung
8 Untersparrendämmung zwischen Lattung
9 Holzwerkstoffplatte

Verspachtelung	
Qualitätsstufen der Verspachtelung	
Q1	Grundspachtelung, keine Anforderungen, für Flächen im nicht sichtbaren Bereich, Stoßfugen füllen, Befestigungsmittel einspachteln
Q2	wie Q1, mit Bewehrungsstreifen oder Vario, Nachspachteln (2. Spachtelgang), ggf. Anschleifen
Q3	wie Q2, mit 3. Spachtelgang, dünne Spachtelung über die Platte (Porenverschluss)
Q4	Vollflächenspachtelung, Abstucken der Oberfläche, für Anstriche, Metall-, Vinyltapeten, Stuccolustro
Mindesttemperatur Spachtelarbeiten	
bei gipshaltigen Spachtelmassen ≥ + 10 °C bei gipsfreien Spachtelmassen ≥ + 5 °C	

Brandschutzbekleidungen von Stahlstützen und Stahlträgern

U/A-Wert

Der U/A-Wert bestimmt die erforderliche Bekleidungsdicke des Stahlbauteils

$$\frac{U}{A}\left[m^{-1}\right]=\frac{\text{Umfang }[m]}{\text{Querschnittsfläche }\left[m^2\right]}$$ des zu bekleidenden Stahlprofils

3-seitige Brandbeanspruchung (Träger)	4-seitige Brandbeanspruchung (Stütze)

$\frac{U}{A}=\frac{2\cdot h+b}{A}\cdot 100\ [m^{-1}]$	$\frac{U}{A}=\frac{2\cdot h+2\cdot b}{A}\cdot 100\ [m^{-1}]$

U = Umfang [cm] A = Fläche [cm^2]
h = Höhe des Stahlträgers [cm] b = Breite des Stahlträgers [cm]

Mindestdicken der Stahlträgerbekleidung in Abhängigkeit vom U/A-Wert

Stahlstützen bekleidet mit Calciumsilikat-Platten Typ H

Feuerwiderstandsklasse	**U/A-Wert der Stahlstütze [m^{-1}]**									
F 30-A	≤ 240	≤ 300								
F 60-A	≤ 82	≤ 100	≤ 125	≤ 165	≤ 225	≤ 300				
F 90-A			≤ 66	≤ 88	≤ 118	≤ 152	≤ 200	≤ 250	≤ 300	
F 120-A				≤ 58	≤ 74	≤ 96	≤ 125	≤ 155	≤ 195	≤ 235
F 180-A							≤ 66	≤ 81	≤ 102	≤ 122
erford. Bekleidungsdicke [mm] Platten Typ H	**10**	**12**	**15**	**20**	**25**	**30**	**35**	**40**	**45**	**50**

Brandschutzbekleidungen von Stahlstützen und Stahlträgern

Stahlstützen, bekleidet mit Calciumsilikat-Platten Typ L

Feuerwiderstandsklasse	**U/A-Wert der Stahlstütze [m^-1]**			
F 30-A	≤ 300			
F 60-A	≤ 212	≤ 275	≤ 300	
F 90-A	≤ 118	≤ 153	≤ 170	≤ 273
F 120-A	≤ 78	≤ 100	≤ 111	≤ 178
F 180-A		≤ 56	≤ 62	≤ 98
erford. Bekleidungsdicke [mm] Platten Typ L	**20**	**25**	**30**	**40**

Stahlstützen bekleidet mit Gipsvliesplatten

Feuerwiderstandsklasse	**U/A-Wert der Stahlstütze [m^-1]**									
F 30-A	≤ 210	≤ 300								
F 60-A	≤ 46	≤ 100	≤ 230	≤ 300						
F 90-A		≤ 40	≤ 140	≤ 170	≤ 260	≤ 300				
F 120-A			≤ 38	≤ 68	≤ 110	≤ 180	≤ 280	≤ 300		
F 180-A					≤ 35	≤ 50	≤ 76	≤ 105	≤ 150	≤ 210
erford. Bekleidungsdicke [mm]	**15**	**20**	**25**	**30**	**35**	**40**	**45**	**50**	**55**	**60**

Stahlträger, bekleidet mit Calciumsilikat-Platten

Feuerwiderstandsklasse	**U/A-Wert des Stahlträgers [m^-1]**										
	Platten Typ H									**Platten Typ L**	
F 30-A	≤ 300	≤ 300	≤ 300							≤ 300	
F 60-A	≤ 120	≤ 120	≤ 120	≤ 300						≤ 300	≤ 300
F 90-A	≤ 60	≤ 60	≤ 60	≤ 150	≤ 220	≤ 300				≤ 160	≤ 250
F 120-A				≤ 100	≤ 130	≤ 180	≤ 240	≤ 290		≤ 95	≤ 150
F 180-A				≤ 50	≤ 70	≤ 90	≤ 120	≤ 145	≤ 200		
erford. Bekleidungsdicke [mm]	**10**	**10**	**10**	**20**	**25**	**30**	**35**	**40**	**50**	**20**	**25**

Stahlträger bekleidet mit Gipsvliesplatten, 3-seitige Brandbeanspruchung

Feuerwiderstandsklasse	**U/A-Wert des Stahlträgers [m^-1]**								
F 30-A	300								
F 60-A	170	300							
F 90-A	48	130	270	300					
F 120-A		50	100	180	300				
F 180-A				45	80	125	190	260	300
erford. Bekleidungsdicke [mm]	**15**	**20**	**25**	**30**	**35**	**40**	**45**	**50**	**55**

Einbauten

Türen und Türzargen

normal, schwer beansprucht

Eine Tür gilt als schwer beanspruchte Tür, wenn **eine** der folgenden Bedingungen gegeben ist:

- Wandhöhe > 2,60 m
- Türbreite > 90 cm
- Türblattgewicht > 25 kg

Bei schwerer Beanspruchung werden die Türpfosten mit UA-Profilen hergestellt, die über Anschlusswinkel in Boden und Decke gedübelt werden.

Regeln und Maße

- Senkrechte Plattenstöße auf Türständer-Profilen im Sturzbereich sind mind. 150 mm zu versetzen
- Die UW-Anschlussprofile der Wand sind höchstens 10 cm von der Türöffnung entfernt an Boden und Decke zu dübeln!
- Die Plattenfuge der Beplankung darf nicht auf dem Türpfosten durchlaufen! Die Platten sind zu versetzen!
- Bei Feuerschutztüren ist der Zargenhohlraum mit Gipsplatten-Streifen, Beton oder Mineralwolle zu verfüllen!

Konsollasten

Art Konsollast	Definition	Befestigung
leicht	≤ 0,4 kN/m Wandlänge kann an jeder Stelle der Wand ohne bes. Vorkehrungen eingeleitet werden	Gips-in-Gips-Schrauben Hohlraumdübel
mittelschwer	0,4 – 0,7 kN/m Wandlänge	Traversen (horizontale Querriegel) Holzwerkstoff-, Metallplatten Hohlraumdübel (bei Mindestdicke der Beplankung 18 mm)
schwer ohne statischen Nachweis	≤ 1500 N/m Wandlänge	Tragständer z. B. für Waschtische, Wandhänge-WCs
schwer mit statischen Nachweis	≤ 1500 N/m Wandlänge	raumhohe Tragsysteme

Max. zulässiges Schrankgewicht für leichte Konsollasten

Beplankung < 18 mm (einlagig)

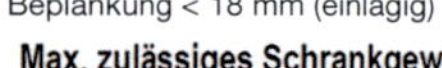

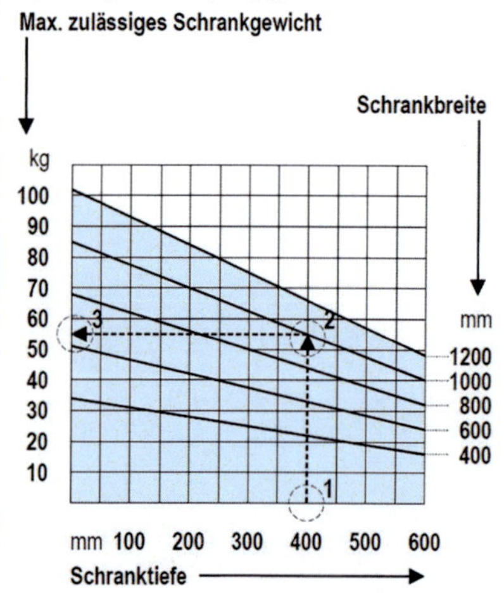

Beplankung ≥ 18 mm (zweilagig)

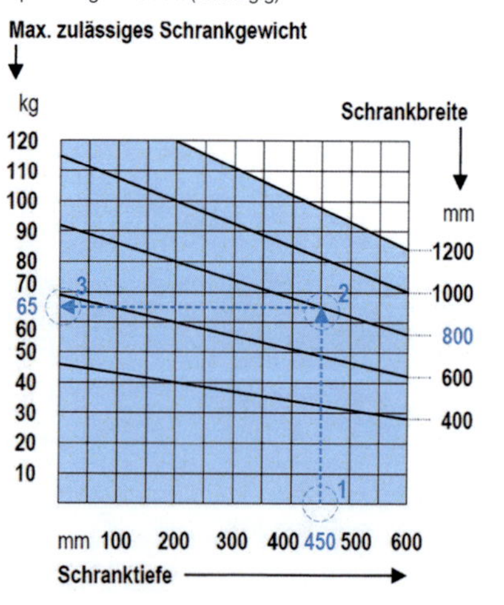

Weitspannträgerdecken

Spannweitentabelle für Weitspannträger aus UA-Profilen, max. Durchbiegung f = L/500

Weitspannprofil Bezeichnung	UA 50	UA 75	UA 100	2×UA 50	2×UA 75	2×UA 100
Deckenlast kN/m²	**Max. Spannweite in mm – bei 600 mm Achsabstand**					
0,05	4.000	5.350	6.500	4.500	5.950	7.250
0,10	3.400	4.600	5.700	4.000	5.350	6.500
0,15	3.050	4.150	5.100	3.650	4.900	6.000
0,20	2.800	3.800	4.700	3.400	4.600	5.700
0,25	2.600	3.600	4.350	3.200	4.350	5.350
0,30	2.500	3.400	4.000	3.050	4.100	5.100
0,35	2.350	3.250	3.850	2.900	3.900	4.950
0,40	2.250	3.100	3.650	2.800	3.800	4.750
0,45	2.200	3.000	3.500	2.700	3.700	4.600
0,50	2.100	2.900	3.350	2.600	3.600	4.450
	Max. Spannweite in mm – bei 750 mm Achsabstand					
0,05	3.800	5.100	6.250	4.350	5.750	7.000
0,10	3.200	4.350	5.350	3.800	5.100	6.250
0,15	2.850	3.900	4.750	3.450	4.650	5.750
0,20	2.600	3.600	4.300	3.200	4.350	5.350
0,25	2.450	3.350	4.000	3.000	4.100	5.100
0,30	2.250	3.200	3.750	2.850	3.900	4.850
0,35	2.200	3.000	3.550	2.750	3.700	4.650
0,40	2.100	2.900	3.350	2.600	3.600	4.450
0,45	2.050	2.800	3.250	2.500	3.450	4.300
0,50	1.060	2.700	3.100	2.500	3.350	4.200
	Max. Spannweite in mm – bei 1000 mm Achsabstand					
0,05	3.530	4.750	5.900	4.100	5.500	6.750
0,10	2.950	4.300	5.000	3.550	4.750	5.900
0,15	2.600	3.600	4.350	3.200	4.350	5.350
0,20	2.400	3.200	4.000	2.850	4.000	5.000
0,25	2.250	3.100	3.600	2.750	3.750	4.700
0,30	2.100	2.900	3.250	2.600	3.600	4.450
0,35	2.200	2.750	3.200	2.500	3.450	4.250
0,40	1.950	2.650	3.000	2.400	3.250	4.100
0,45	1.850	2.550	3.000	2.350	3.200	3.950
0,50	1.800	2.450	2.750	2.350	3.200	3.950
	Max. Spannweite in mm – bei 1250 mm Achsabstand					
0,05	3.350	4.300	5.600	3.950	5.200	6.500
0,10	2.750	3.750	4.600	3.350	4.500	5.600
0,15	2.450	3.350	4.000	3.000	4.100	5.100
0,20	2.250	3.100	3.600	2.750	3.750	4.700
0,25	2.100	2.850	3.350	2.600	3.500	4.400
0,30	1.950	2.700	3.100	2.450	3.350	4.200
0,35	1.850	2.600	2.950	2.350	3.200	4.000
0,40	1.800	2.450	2.750	2.250	3.100	3.850
0,45	1.750	2.350	2.650	2.200	2.950	3.700
0,50	1.700	2.250	2.500	2.200	2.950	3.700
	Max. Spannweite in mm – bei 1500 mm Achsabstand					
0,05	3.100	4.200	5.350	3.800	5.100	6.250
0,10	2.600	3.600	4.350	3.200	4.350	5.350
0,15	2.350	3.200	3.750	2.850	3.900	4.850
0,20	2.100	2.900	3.350	2.600	3.500	4.450
0,25	1.950	2.700	3.100	2.450	3.350	4.200
0,30	1.850	2.550	2.800	2.350	3.200	3.950
0,35	1.750	2.450	2.700	2.200	3.000	3.750
0,40	1.700	2.300	2.600	2.100	2.900	3.650
0,45	1.600	2.200	2.450	2.050	2.800	3.500
0,50	1.600	2.050	2.350	1.950	2.700	3.400

Materialbedarf

Wandtrockenputz aus Gipsplatten und Gips-Verbundplatten pro m², Plattenabmessung 2500×1250×12,5 mm

Für die Ermittlung des durchschnittlichen Materialbedarfs sind die Flächenabmessungen 4,00×2,50 = 10,00 m² zugrunde gelegt (bei Abseitenwänden 5,00 m²): Die Mengen sind für 1 m² Trennwand-, Decken- oder Vorsatzschalenfläche, jedoch ohne Verschnitt, Aussparungen und Öffnungen ermittelt.

Wandtrockenputz aus Gipsplatten und Gips-Verbundplatten pro m²
Plattenabmessung 2500 × 1250 × 12,5 mm

	Trockenputz	Angesetzte Vorsatzschale mit Verbundplatte PS	Angesetzte Vorsatzschale mit Verbundplatte MW
Ansetzgips	4,5 kg	5,0 kg	7,0 kg
Fugenspachtel	0,28 kg	0,28 kg	0,28 kg
Bewehrungsstreifen (falls nötig)	1,4 m	1,4 m	1,4 m
Gips- bzw. Verbundplatten	= Wandfläche A		

Vorsatzschalen

Freistehende Vorsatzschalen pro m²
Plattenabmessung 2500×1250×12,5 mm

	Einh.	freistehende Vorsatzschale 1-lagig *(2-lagig)*
Schnellbauschrauben TN 3,5×25	Stück	11 *(4)*
Schnellbauschrauben TN 3,5×35	Stück	0 *(11)*
Fugenspachtel	kg	0,28 *(0,48)*
Bewehrungsstreifen (falls nötig)	m	1,4 *(1,4)*
CW-Ständerprofile	Stück	$= \frac{\text{Wandlänge}}{\text{Ständerabstand}} + 1$
UW-Anschlussprofile	Stück	= Wandlänge · 2
Anschlussdichtung	m	= Wandumfang U
Verankerungselement	Stück	= Wandumfang U
Dämmstoff	m²	= Wandfläche A
Gipsplatten	m²	= Wandfläche A *(· 2)*

Direkt befestigte Vorsatzschalen pro m²
Plattenabmessung 2500×1250×12,5 mm

	Einh.	Vorsatzschale auf Holzlattung	mit Justierschwingbügel/Direktabhänger und CD-Profilen
Traglatte 50/30	m	1,9	
CW-/CD-Profil	m	–	1,8
Schnellbauschrauben TN 3,5×25	Stück	–	11
Schnellbauschrauben TN 3,5×35	Stück	11	–
Verankerungselemente Anschlussprofile	Stück	2,7	1,9
Alu-Blindniete	Stück	–	3
Justierschwingbügel	Stück	–	1,5
Fugenspachtel	kg	0,28	0,28
Bewehrungsstreifen (falls nötig)	m	1,4	1,4
Anschlussprofile	m	–	= Wandlänge · 2
Anschlussdichtung	m	= Wandumfang U	
Dämmstoff	m²	= Wandfläche A	
Gipsplatten	m²	= Wandfläche A	

Trennwände inkl. Installationswände pro m² (beide Wandseiten)					
	Einh.	Metall-Einfachständerwand einlagig beplankt	Metall-Einfachständerwand zweilagig beplankt	Metall-Doppelständerwand zweilagig beplankt	Installationwand zweilagig beplankt
Schnellbauschrauben TN 3,5×25	Stück	24	8	8	11
Schnellbauschrauben TN 3,5×35	Stück	–	24	24	24
Filzstreifen doppelseitig klebend	m	–	–	2,5	–
Fugenspachtel	kg	0,56	0,96	0,96	0,96
Bewehrungsstreifen (falls nötig)	m	2,9	2,9	2,9	2,9
Plattenlaschen	m²	–	–	–	0,1
CW-Ständerprofile	Stück	$= \frac{\text{Wandlänge}}{\text{Ständerabstand}} + 1$		$= \left(\frac{\text{Wandlänge}}{\text{Ständerabstand}} + 1\right) \cdot 2$	
UW-Anschlussprofile	m	= Wandlänge · 2		= Wandlänge · 4	
Anschlussdichtung	m	= Wandumfang U		= Wandumfang U · 2	
Verankerungselement	Stück	= Wandumfang U		= Wandumfang U · 2	
Dämmstoff	m²	= Wandfläche A· Lagenzahl		= Wandfläche A · Lagenzahl	
Gipsplatten	m²	= Wandfläche A · 2	= Wandfläche A · 4	= Wandfläche A · 4	

Unterdecken und Deckenbekleidungen					
Geschlossene Plattendecken (einlagig beplankt) pro m² Plattenabmessung, 2500×1250×12,5 mm					
	Einh.	Metall-UK abgehängt	Metall-UK direkt befestigt	Holz-UK direkt befestigt	Metall-UK abgehängt Lochplatten
CD-Profil Grund- und Traglattung	m	3,5	–	–	4,4
Hut-, Deckenprofil	m	–	1,5	–	–
Holzgrundlattung 60/40	m	–	–	2,0	–
Holztraglattung 48/24	m	–	–	2,5	–
oder Holzgrundlattung 60/40	m	–	–	1,5	–
Holztraglattung 50/30	m	–	–	2,5	–
Abhänger	Stück	1,7	–	–	1,5
Profilverbinder	Stück	0,7	–	–	3,2
Winkelanker **oder**	Stück	5,2	–	–	5,2
Kreuzschnellverbinder	Stück	2,6	–	–	2,6
Schnellbauschrauben TN 3,5×25	Stück	15	14	–	24
Schnellbauschrauben TN 3,5×35	Stück	–	–	15	–
Schnellbauschrauben TN 3,5×55	Stück	–	–	4	–
Verankerungsmittel Rohdecke	Stück	1,7	5	2,5	1,5
Fugenspachtel	kg	0,28	0,28	0,28	0,25 (0,33)
Bewehrungsstreifen (falls nötig)	m	1,7	1,7	1,7	–
Gipsplatten	m²	= Deckenfläche A			
Wandwinkel	m	= Deckenumfang U			
Befestigung Wandwinkel	m	= Deckenumfang/Dübelabstand			
Dämmstoffauflage	m²	= Deckenfläche A			

Unterdecken und Deckenbekleidungen

Decken mit Brandschutzanforderung, pro m²

		Gipsplatte		Gipsfaserplatte			Gipsvliesplatte		
Konstruktionsteil	Einh.	2×12,5	2×20	2×12,5	2×15	2×20	15	20	25
UD-Profile	m	0,6							
Befestigungselement f. UD-Profile	Stück	0,9	1,9	0,9	1,9				
Nonius-Unterteil	Stück	1,5	2,4	1,5	1,8	2,4	1,5	1,8	2,4
Nonius-Oberteil	Stück	1,5	2,4	1,5	1,8	2,4	1,5	1,8	2,4
Nonius-Klammern	Stück	3	4,8	3	3,6	4,8	3	3,6	4,8
Befestigungselement f. Abhänger	Stück	1,5	2,4	1,5	1,8	2,4	1,5	1,8	2,4
CD-Profil	m	3,2	3,7	3,7	4	4	3,2	3,7	4
CD-Profilverbinder	Stück	0,7							
Kreuzschnellverbinder	Stück	2,3	2,9	2,9	3,6	3,6	2,3	2,9	3,6
Schnellbauschraube TN 3,5×25	Stück	9		9	9		17		
Schnellbauschraube TN 3,5×35	Stück	17	9	20		9		22	
Schnellbauschraube TN 3,5×45	Stück				25				25
Schnellbauschraube TN 3,5×55	Stück		22			25			
Fugenfüller	kg	0,8	1	0,3	0,4	0,6	0,4	0,5	0,8
Plattenbeplankung	m²	= Deckenfläche A · Lagenzahl							
Wandwinkel	m	= Deckenumfang U							
Befestigung Wandwinkel	Stück	= Deckenumfang/Dübelabstand							
Dämmstoffauflage (falls nötig)	m²	= Deckenfläche A							

Mineralplattendecken (sichtbare Konstruktion) pro m²

	Einh.	Rasterung in mm					
Bezeichnung		600×600	625×625	600×600*	625×625*	600×1200	625×1250
T-Hauptprofil	m	0,83	0,8	1,66	1,6	0,83	0,8
T-Querprofil 120	m	1,66	–	–	–	1,66	–
T-Querprofil 125	m	–	1,6	–	–	–	1,6
T-Querprofil 60	m	0,83	–	1,66	–	–	–
T-Querprofil 62,5	m	–	0,8	–	1,6	–	–
Deckennagel	Stück	0,7	0,7	1,1	1,1	0,7	0,7
Abhänger komplett	Stück	0,7	0,7	1,1	1,1	0,7	0,7
MF-Deckenplatten	Stück	2,8	2,6	2,8	2,6	1,4	1,3
Wandwinkel/Stufenwandwinkel	m	abhängig von Raumgröße und -form					
Verankerungsmittel für Wandwinkel	Stück	3,7 je m Wandwinkel					

* bei Achsabstand der T-Hauptprofile 60 cm bzw. 62,5 cm

Lamellendecken

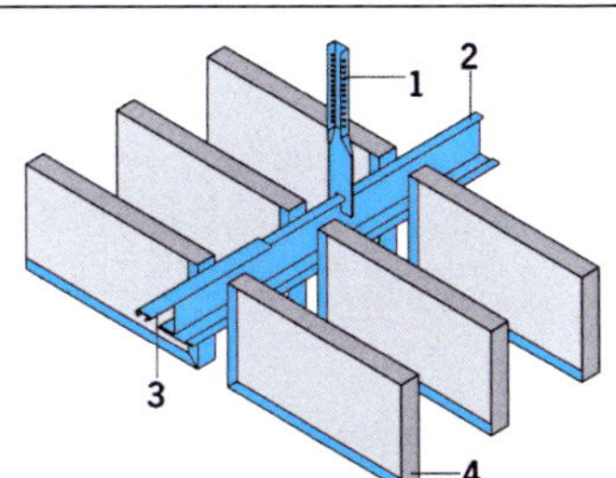

1 Nonius-Abhänger Nr. 17/10

2 Abhängerprofil Nr. 70/10

3 Kupplung Nr. 77

4 Lamelle mit weißen Metallrahmen

Materialbedarf pro m² Lamellendecke

Lamellenhöhe	Lamellen-Achsabstand	Lamellen	Abhänger Nr. 17/10	Abhänger-abstand	Abhängerprofil Nr. 70/10	Kupplung Nr. 77
mm	mm × mm	Stück	Stück	m	m	Stück
150	200 × 1200	4,2	0,7	1,30	0,83	0,28
	200 × 1250	4,0	0,7	1,25	0,80	0,27
	300 × 1200	2,8	0,7	1,30	0,83	0,28
	300 × 1250	2,7	0,7	1,25	0,80	0,27
200	200 × 1200	4,2	0,7	1,30	0,83	0,28
	200 × 1250	4,0	0,7	1,25	0,80	0,27
	300 × 1200	2,8	0,7	1,30	0,83	0,28
	300 × 1250	2,7	0,7	1,25	0,80	0,27
250	200 × 1200	4,2	0,7	1,30	0,83	0,28
	200 × 1250	4,0	0,7	1,25	0,80	0,27
	300 × 1200	2,8	0,7	1,30	0,83	0,28
	300 × 1250	2,7	0,7	1,25	0,80	0,27
300	200 × 1200	4,2	0,85	0,98	0,83	0,28
	200 × 1250	4,0	0,85	0,94	0,80	0,27
	300 × 1200	2,8	0,7	1,30	0,83	0,28
	300 × 1250	2,7	0,7	1,25	0,80	0,27
400	200 × 1200	4,2	1,10	0,76	0,83	0,28
	200 × 1250	4,0	1,10	0,73	0,80	0,27
	300 × 1200	2,8	0,95	0,88	0,83	0,28
	300 × 1250	2,7	0,75	0,83	0,80	0,27
	400 × 1200	2,1	0,70	1,30	0,83	0,28
	400 × 1250	2,0	0,70	1,25	0,80	0,27
600	200 × 1200	4,2	1,6	0,52	0,83	0,28
	200 × 1250	4,0	1,6	0,50	0,80	0,27
	300 × 1200	2,8	1,1	0,76	0,83	0,28
	300 × 1250	2,7	1,1	0,75	0,80	0,27
	400 × 1200	2,1	0,8	1,05	0,83	0,28
	400 × 1250	2,0	0,8	1,00	0,80	0,27
	600 × 1200	1,4	0,7	1,30	0,83	0,28
	600 × 1250	1,3	0,7	1,25	0,80	0,27

Metall-Paneeldecken

Paneelbreiten und Deckbreiten

Paneel und Fuge	Paneelbreite
[mm]	[mm]
100	84
150	134
200	184

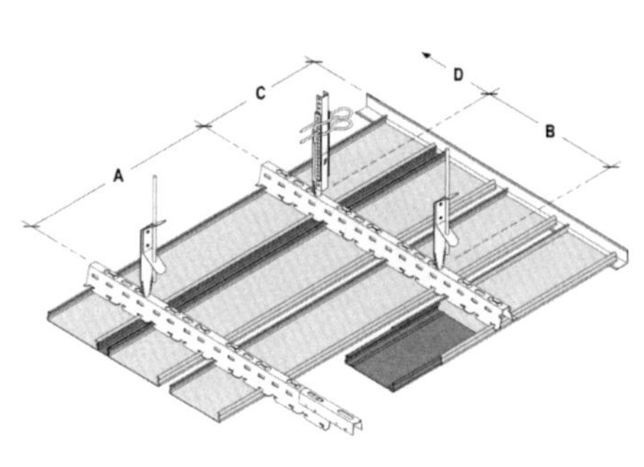

Paneelformen A und B

A - mit freier Fuge

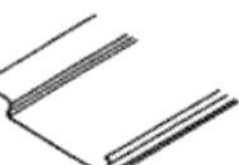

B - fugenüberdeckend

Material: Stahlblech oder Aluminium

Sturm- und ballwurfsichere Paneeldecken:

- nur mit Nonius-Abhängern
- nur mit verschraubten Trapezprofilverbindern

Paneeldecken – max. Abstände	Einheit	universal	sturmsicher	ballwurfsicher*)
				Alu (Stahl)
Maß A	mm	1250	600	1250 (1500)
Maß B	mm	1200	600	800 (1250)
Maß C mit Rand- oder Stufenwinkeln	mm	200	100	375 (400)
Maß C mit Spezial-Paneel-Randwinkeln	mm	1250	400	375 (1500)
Maß D	mm	400	100	200 (375)

*) Die Werte in Klammern gelten bei Verwendung von Paneelen und Trapezprofilen aus Stahl.

Materialbedarf je m² Decke ohne Verschnitt	Einheit	universal	sturmsicher	ballwurfsicher
Trapez-Profil als UK	m	0,8	1,7	0,7
Trapezprofil-Verbinder	Stück	0,2	0,4	0,2
M 5 × 12 Schrauben zum Befestigen der Verbinder	Stück	–	0,4	0,4
Abhänger (Unterteil/Oberteil)	Stück	0,8	2,8	0,5
Nonius-Klammern (bei Nonius-Abhängern)	Stück	1,6	5,6	1
Paneele*)	m	ges. Paneellänge = $\frac{\text{Deckenfläche}}{\text{Paneelbreite + Fugenbreite}}$		
Randprofil	m	Umfang	Umfang	Umfang

*) Bei der Verwendung von A-Paneelen kann der Bedarf an Füllstücken für die Fugen in gleicher Menge anfallen.

Bekleidungen im Dachgeschossausbau pro m²				
	Einh.	**Dachschräge**	**Abseitenwand**	**Kehlbalkendecke**
Gipsplatten 12,5	m²	1,0	1,0	1,0
Holztraglattung 50/30	m	2,4	3,0	2,4
Holzständer 60/60	m	–	1,5	–
Anschlussholz 40/60	m	–	1,3	–
Dämmstoff	m²	0,9	1,0	0,9
Dampfbremse	m²	1,0	1,0	1,0
Schnellbauschrauben TN 3,5 × 35	Stück	17	17	17
Schnellbauschrauben TN 3,5 × 55	Stück	5	5	5
Verankerungsmittel	Stück	–	1,5	–
Nägel	Stück	–	6	–
Anschlussdichtung	m	–	1,3	–
Fugenspachtel	kg	0,28	0,28	0,28
Bewehrungsstreifen (falls nötig)	m	1,7	1,7	1,7

Putz, Fliesen, Estrich: Handelsformen und Verbrauchswerte

Baustoff	Handelsform/Einheit	Fertigmenge oder Verbrauch/Einheit
1 Bindemittel		
Portlandzement CEM I 32,5 R	25-kg-Sack	20 l je Sack
Weißkalkhydrat	20-kg-Sack	40 l je Sack
Hydraulischer Kalk HL 5	25-kg-Sack	25 l je Sack
Ansetzgips	25-kg-Sack	6 kg/m²
Stuckgips	30-kg-Sack	–
2 Gesteinskörnung		
Rheinsand, Körnung 0 bis 2 mm	m³, ca. 1,6 t/m³	–
Estrichsand, Körnung 0 bis 8 mm	m³, ca. 1,7 t/m³	–
Feinsand/Silbersand, Körnung 0 bis 1 mm	m³, ca. 1,6 t/m³	–
Betonkies, Körnung 0 bis 32 mm	m³, ca. 1,9 t/m³	–
3 Putze		
Kalkzementputz PII	30-kg-Sack	22 l je Sack
Kalkzement-Haftputz	30-kg-Sack	26 l je Sack
Kalkzement-Maschinenputz	30-kg-Sack	20 l je Sack
Zementputz PIII	30-kg-Sack	21 l je Sack
Beton/Normalestrich, Körnung 0–8 mm, C 20/25	30-kg-Sack	20 l je Sack
Schnellestrich	25-kg-Sack	15,6 l je Sack
Gipshaftputz (Rotband)	30-kg-Sack	34 l je Sack
Maschinengipsputz leicht	30-kg-Sack	35 l je Sack
Kalkputz PI	25-kg-Sack	21 l je Sack
4 Zubehör Putzarbeiten		
Eckschutzschiene, verzinkt	2,50-m-Stück	–
Putzleisten, 10 mm verzinkt	2,50-m-Stück	–
Putzleisten, 6 mm verzinkt	2,50-m-Stück	–
Streckmetall	2,50 × 0,60-m-Tafel	–
Gipsputz – Betonkontakt-Voranstrich	5-kg-Kanister	0,35 kg/m²
Gipsputz – Aufbrennsperre für saugende Untergründe	10-l-Kanister	0,15 l/m²
5 Fliesen		
Steingutfliesen, 10 × 10 cm	2,00-m²-Paket	–
Steingutfliesen, 15 × 15 cm	50-Stück-Paket	44 Stück/m²
Steingutfliesen, 20 × 20 cm	40-Stück-Paket	25 Stück/m²
Steingutfliesen, 20 × 50 cm	1,40-m²-Paket	–
Steingutfliesen, 25 × 33 cm	1,00-m²-Paket	–
Steingutfliesen, 30 × 60 cm	1,80-m²-Paket	–
Steingutfliesen, 30 × 90 cm	0,81-m²-Paket	–

Putz, Fliesen, Estrich: Handelsformen und Verbrauchswerte		
Baustoff	**Handelsform/Einheit**	**Fertigmenge Verbrauch**
Steingutfliesen Bordüren, 6×20	Stück	–
Steingutfliesen Bordüren, 6×30	Stück	–
Spaltplatten, 11,5×24 cm, glasiert	0,61-m²-Paket	–
Kleinmosaik, 2×2 cm	1,07-m²-Paket	–
Steinzeugfliesen, 30×30 cm, poliert	1,38-m²-Paket	–
Steinzeugfliesen, 40×40 cm, poliert	1,50-m²-Paket	–
Steinzeugfliesen, 60×60 cm, poliert	1,44-m²-Paket	–
Steinzeugfliesen, 30×60 cm, poliert	1,44-m²-Paket	–
Steinzeugfliesen, 30×60 cm, glasiert	1,56-m²-Paket	–
Steinzeugfliesen, 30×90 cm, poliert	0,81-m²-Paket	–
Steinzeugfliesen, 30×120 cm, poliert	1,08-m²-Paket	–
Steinzeugfliesen, 40×60 cm, glasiert	1,20-m²-Paket	–
Steinzeugfliesen, 40×80 cm, poliert	0,96-m²-Paket	–
Steinzeugfliesen, 45×90 cm, poliert	1,215-m²-Paket	–
Steinzeugfliesen, Sockelfliesen, 8×30 cm	Stück	–
Steinzeugfliesen, Sockelfliesen, 8×40 cm	Stück	–
Steinzeugfliesen, Sockelfliesen, 8×45 cm	Stück	–
Steinzeugfliesen, Sockelfliesen, 8×50 cm	Stück	–
Steinzeugfliesen, Sockelfliesen, 8×60 cm	Stück	–
6 Zubehör Fliesenarbeiten		
Fugenmörtel	5-kg-Sack	500 g/m²
Fliesenkleber flex	25-kg-Sack	2500 g/m²
Fliesenkleber „normal“	25-kg-Sack	2500 g/m²
Eckschutzschienen, Kunststoff	2,50-m-Stück	–
Eckschutzschienen, Metall	2,50-m-Stück	–
Sanitärsilikon	310-ml/Kartusche	–
Abschlusswinkel Bodenfliesen, Messing	2,50-m-Stück	–
Grundierung, universal	5-l-Kanister	0,12 l/m²
7 Zubehör Estricharbeiten		
Estrichzusatzmittel für bessere Verarbeitung	5-kg-Kanister	1,5 kg/m³ Estrich
PE-Folie 0,2 mm	100-m²-Rolle	1,2 m²/m² Fläche
Randstreifen, h = 0,15 m	50-m-Rolle	–
Randstreifen, h = 0,10 m	50-m-Rolle	–
Mineralwolle, WLG 040, Typ DES, 20-5	m²	–
Mineralwolle, WLG 040, Typ DES, 25-5	m²	–
Mineralwolle, WLG 040, Typ DES, 30-5	m²	–
Mineralwolle, WLG 040, Typ DES, 35-5	m²	–
Mineralwolle, WLG 040, Typ DES, 40-5	m²	–
Mineralwolle, WLG 040, Typ DES, 45-5	m²	–
Mineralwolle, WLG 040, Typ DES, 50-5	m²	–
Polystyrol-EPS, WLG 040, Typ WI/DI/DZ, d = 50 mm	m²	–
Polystyrol-EPS, WLG 040, Typ WI/DI/DZ, d = 80 mm	m²	–

Ausbauarbeiten: Arbeitszeitrichtwerte	
Art der Arbeiten	**Zeitvorgabe/Einheit**
1 Gerüstbau	
Bockgerüst aufstellen und abbauen, einschl. Be- und Entladen	43 Min./m²
Schnellbaugerüste	15 Min./m²
2 Putzarbeiten	
PI oder PII an Wand und Decke mit Hand, einlagig (15 mm)	23 Min./m²
PI oder PII an Wand und Decke mit Maschine, einlagig (15 mm)	17 Min./m²
PII als Fliesenwanduntergrund mit Hand, einlagig (15 mm)	30 Min./m²
PII als Fliesenwanduntergrund mit Maschine, einlagig (15 mm)	27 Min./m²
PIII an Wand und Decke mit Hand, einlagig (15 mm)	30 Min./m²
PIII an Wand und Decke mit Maschine, einlagig (15 mm)	27 Min./m²
PIV an Wand und Decke mit Hand, einlagig (15 mm)	25 Min./m²
PIV an Wand und Decke mit Maschine, einlagig (15 mm)	18 Min./m²
Aufbrennschutz an Wänden auftragen	4 Min./m²
Betondecken mit Betonkontakt vorstreichen	4 Min./m²
Spritzbewurf an Wänden auftragen	6 Min./m²
Rippenstreckmetall anbringen	15 Min./m²
Eckschutzschienen anbringen	6 Min./m
3 Estricharbeiten	
Reinigen des Untergrundes	4 Min./m²
Betonboden mit „Spritzbewurf“ einbürsten	9 Min./m²
Dämmplatten einlagig verlegen	10 Min./m²
Dämmplatten zweilagig verlegen	17 Min./m²
Randstreifen verlegen	3 Min./m
PE-Folienabdeckung (Schrenzlage, Trennschicht) verlegen	5 Min./m²
Einbauen eines 5 cm starken schwimmenden Estrichs, einschl. Erstellung aller Fugen	30 Min./m²
Einbauen eines 7 cm starken schwimmenden Estrichs, einschl. Erstellung aller Fugen und AKS-Bewehrung einbauen	50 Min./m²
Einbauen eines 3 cm starken Verbundestrichs	18 Min./m²
Einbauen eines 3,5 cm starken Estrichs auf Trennschicht	21 Min./m²
Scheinfugen im frischen Estrich anlegen	3 Min./m
Bewegungsfugen mit Mineralwolldämmstreifen herstellen	8 Min./m
4 Wandfliesenarbeiten	
Steingutwandfliesen im Dickbettverfahren verlegen, 15 × 15 cm	120 Min./m²
Steingutwandfliesen geklebt und gefugt, 55–74 Stück/m²	72 Min./m²
Steingutwandfliesen geklebt und gefugt, 40–54 Stück/m²	58 Min./m²
Steingutwandfliesen geklebt und gefugt, 30–39 Stück/m²	55 Min./m²

Ausbauarbeiten: Arbeitszeitrichtwerte	
Art der Arbeiten	**Zeitvorgabe/Einheit**
Steingutwandfliesen, geklebt und gefugt, 20–29 Stück/m²	57 Min./m²
Steingutwandfliesen, geklebt und gefugt, 10–19 Stück/m²	64 Min./m²
Steingutwandfliesen, geklebt und gefugt, 5–9 Stück/m²	67 Min./m²
Bordüren geklebt und gefugt, Zulage	6 Min./m
Kleinmosaik an die Wand geklebt und gefugt, 2 × 2 cm	80 Min./m²
Kanten aus Kunststoff oder Metall einbauen, Zulage	6 Min./m
Anarbeiten an Duschtassen und Wannen, Zulage	35 Min./Stück
Abdichtungsmasse aufstreichen oder -spachteln, je Arbeitsgang	5 Min./m²
Eckwinkel in die Abdichtungsmasse einarbeiten	7 Min./m
5 Bodenfliesenarbeiten	
Kleinmosaik auf Estrich geklebt und gefugt, bis 4 cm Kantenlänge	75 Min./m²
Steinzeugbodenfliesen, geklebt und gefugt, 35–54 Stück/m²	50 Min./m²
Steinzeugbodenfliesen, geklebt und gefugt, 26–34 Stück/m²	45 Min./m²
Steinzeugbodenfliesen, geklebt und gefugt, 16–25 Stück/m²	43 Min./m²
Steinzeugbodenfliesen, geklebt und gefugt, 8–15 Stück/m²	40 Min./m²
Steinzeugbodenfliesen, geklebt und gefugt, 5–7 Stück/m²	45 Min./m²
Stehsockelfliesen, geklebt, bis 15 cm hoch und über 15 cm Länge	10 Min./m
Winkelschienen am Boden als Abschluss verlegen	8 Min./m
Aufbrennschutz auf den Estrich auftragen	2 Min./m²
Abdichtungsmasse aufstreichen oder -spachteln, je Arbeitsgang	5 Min./m²
Winkel zwischen Estrich und Wand in die Abdichtung einarbeiten	8 Min./m
6 Montagewände mit Gipsplatten Typ A, einschl. Transport, Dämmung und Verspachtelung Q2	
a) einlagig beplankt	
CW 50/75	43 Min./m²
CW 75/100	43 Min./m²
CW 100/125	43 Min./m²
b) zweilagig beplankt	
CW 50/100	50 Min./m²
CW 75/125	50 Min./m²
CW 100/150	50 Min./m²
CW 50 + 50/155	63 Min./m²
CW 75 + 75/205	63 Min./m²
CW 100 + 100/255	63 Min./m²
Installationswand 50 + 50/270	66 Min./m²

Ausbauarbeiten: Arbeitszeitrichtwerte	
Art der Arbeiten	**Zeitvorgabe/Einheit**
c) Zulagen für Montagewände	
Zulage für rechtwinklige Eckausbildung 90°	15 Min./Stück
Zulage für T-Verbindung, „starr“	5 Min./Stück
Zulage für T-Verbindung, Ausführung mit Inneneckprofilen	9 Min./Stück.
Zulage für gleitenden Deckenanschluss einer Metallständerwand	17 Min./m
Zulage für gleitenden Deckenanschluss einer Doppelständerwand	22 Min./m
Zulage für den Einbau eines WC-Tragständers	35 Min./Stück
Zulage für den Einbau eines Waschtisch-Tragständers	30 Min./Stück
Zulage für den Einbau einer Universaltraverse	20 Min./Stück
Zulage für den Einbau einer Tür–Metallzarge beim Bau der Wand	50 Min./Stück
Zulage für die Verspachtelung nach Qualitätsstufe Q3	15 Min./m²
7 Wandtrockenputz einschließlich Transport und Verspachtelung in Q2	
Trockenputz im „Dünnbettverfahren“, Gipsplatten Typ A	27 Min./m²
Trockenputz im „Batzenverfahren“, Gipsplatten Typ A	35 Min./m²
Trockenputz mit Gips-Verbundplatten, Gipsplatten Typ A, Dämmstoff bis 30 mm	45 Min./m²
Trockenputz mit Gips-Verbundplatten, Gipsplatten Typ A, Dämmstoff bis 60 mm	50 Min./m²
8 Vorsatzschalen einschl. Transport, Dämmung und Verspachtelung Q2	
V-CW 50/62,5 – freistehend, einlagig	27 Min./m²
V-CW 75/87,5 – freistehend, einlagig	28 Min./m²
V-CW 75/100 – freistehend,zweilagig	34 Min./m²
Direkt befestigte Vorsatzschale auf Holzlattung mit Grund- und Traglattung, einlagig	50 Min./m²
Direkt befestigte Vorsatzschale auf Metall UK und Justierschwingbügeln, einlagig	40 Min./m²
Zulage für den Einbau einer Dampfbremse einschl. dichter Anschlüsse	5 Min./m²
9 Unterdecken und Deckenbekleidungen bei Mineralplattendecken einschl. Verspachtelung in Q2	
Unterdecke 27+27/12,5 mit Schnell- oder Noniusabhänger	37 Min./m²
Unterdecke 27+27/2 × 12,5 mit Schnell- oder Noniusabhänger	49 Min./m²
Deckenbekleidung mit Metall-UK, Grund- und Tragprofilen	35 Min./m²
Deckenbekleidung mit Holz-UK, Grund- und Traglattung 30 × 50 mm, 1-lagig	37 Min./m²
Deckenbekleidung mit Holz-UK, Grund- und Traglattung 30 × 50 mm, 2-lagig	49 Min./m²
Unterdecke 27+27/12,5 Lochplatten mit Schnell- oder Noniusabhänger	53 Min./m²
Deckenfries 27+27/12,5 Breite bis 100 cm, Abhängehöhe bis 50 cm	26 Min./m²
Mineralfasereinlegedecken, 625 × 625 mm, einschl. UK und aller Anschlüsse	35 Min./m²

Ausbauarbeiten: Arbeitszeitrichtwerte	
Art der Arbeiten	**Zeitvorgabe/Einheit**
Metallrasterdecke, 625 × 625 mm, einschl. UK und aller Anschlüsse	42 Min./m²
Alu-Paneeldecke, Modul 100, einschl. UK und aller Anschlüsse	42 Min./m²
Zulage für das Einbauen von Mineralwollauflagen, 40 mm dick	12 Min./m²
Zulage für das Einbauen von Revisionsklappen bis 500 × 500 mm	30 Min./Stück
10 Fertigteilestrich	
Trockenestrich aus Gipsfaserplatten mit 20 mm Dämmung, Format 500 × 1500 mm, einschl. Randstreifen, Folie, Verklebung, Verschraubung, Verspachtelung	17 Min./m²
Zulage für den Einbau einer Trockenschüttung, Dicke bis 60 mm	18 Min./m²
Zulage für den Einbau einer Trockenschüttung, Dicke bis 30 mm	15 Min./m²
Zulage für die Abdeckung der Trockenschüttung mit Faserplatten	6 Min./m²
11 Dachgeschossausbau Dachschräge und Abseitenwand mit Gipsplatten Typ A 12,5 mm einschl. Transport und Verspachtelung in Q2	
Dachschräge mit Holztraglattung 30 × 50 mm und Direktabhängern	30 Min./m²
Dachschräge mit CD Traglattung 60 × 27 mm und Direktabhängern	30 Min./m²
Abseitenwand mit Holzständerwerk (Drempelholz)	27 Min./m²
Abseitenwand mit CD-Ständerwerk	30 Min./m²
Zulage für den Einbau einer Dampfbremse, einschl. dichter Anschlüsse	6 Min./m²
Einbau von Faserdämmstoff zwischen den Sparren bis 200 mm dick	12 Min./m²
Einbau von Faserdämmstoff als Untersparrendämmung bis 40 mm dick	10 Min./m²
11 Sonstiges	
Stundenlohnarbeiten auf Anweisung bei Nachtragsarbeiten	44,00 EUR/Std.
LKW-Materiallieferung (frei Haus, ab Rechnung von 250,00 EUR)	65,00 EUR/Std.

Persönliche Schutzausrüstung PSA	
Sie ist immer dann vom Unternehmer zur Verfügung zu stellen und von den Beschäftigten zu tragen, wenn Unfall- oder Gesundheitsgefahren nicht ausgeschlossen werden können.	
Fußschutz	Sicherheitsschuhe S1 – S3
Kopfschutz	Industrieschutzhelme
Atemschutz	Halbmaske, Vollmaske, Partikelfilter je nach Art und Höhe der Schadstoffkonzentration
Schutzhandschuhe	
Gehörschutz	• Kapseln oder Stöpsel • Ab Überschreitung des Lärmpegels von 80 dB(A) sind vom Unternehmer persönliche Gehörschutzmittel zur Verfügung zu stellen • Ab Erreichen oder Überschreiten eines Lärmpegels von 85 dB(A) müssen von den Beschäftigten geeignete Gehörschutzmittel benutzt werden, um die Entstehung einer Lärmschwerhörigkeit auszuschließen
Schutzkleidung	• gegen Wetter, thermische, chemische und mechanische Belastungen u. a. • Ganzkörperschutzanzüge gegen flüssige, staub- oder gasförmige Partikel
Augen- und Gesichtsschutz	z. B. Schutzbrillen gegen mechanische, optische, chemische oder thermische Einwirkungen
Knieschutz	bei allen kniend auszuführenden Tätigkeiten tragen, je nach Tätigkeit und Beschaffenheit des Untergrunds auswählen
PSA gegen Absturz	z. B. Auffanggurt – nur verwenden, wenn Absturzsicherungen und Auffangeinrichtungen nicht angewendet werden können

Leitern und Gerüste	
Anlegeleitern	
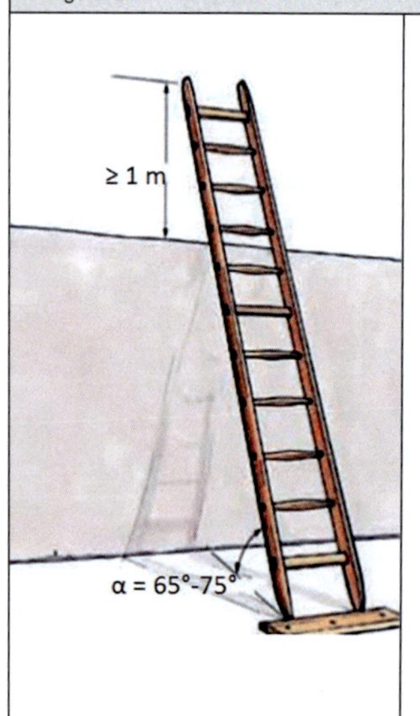	Sprossenleitern mind. 1 m über die Austrittstelle hinausragen lassen. Der Anlegewinkel liegt bei 65–75°. Bei Bauarbeiten darf • kein höherer Standplatz als 7 m eingenommen werden • bei einer Standhöhe von mehr als 2 m nicht länger als 2 Stunden gearbeitet werden. • das Gewicht des mitzuführenden Werkzeuges und Materials 10 kg nicht überschreiten. • die Windangriffsfläche von mitgeführten Gegenständen nicht mehr als 1 m² betragen. Von Anlegeleitern darf nicht gearbeitet werden • wenn von vorhandenen oder benutzten Stoffen und Arbeitsverfahren zusätzliche Gefahren ausgehen (Säuren, Heißbitume ...) • wenn Maschinen und Geräte mit beiden Händen bedient werden müssen Der Beschäftigte muss mit beiden Füßen auf einer Sprosse stehen

Leitern und Gerüste

Fahrbare Arbeitsbühnen

- Belaghöhe in Gebäuden max. 12 m, im Freien max. 8 m
- vorgeschrieben: 3-teiliger Seitenschutz, Innenaufstiege

Bockgerüste

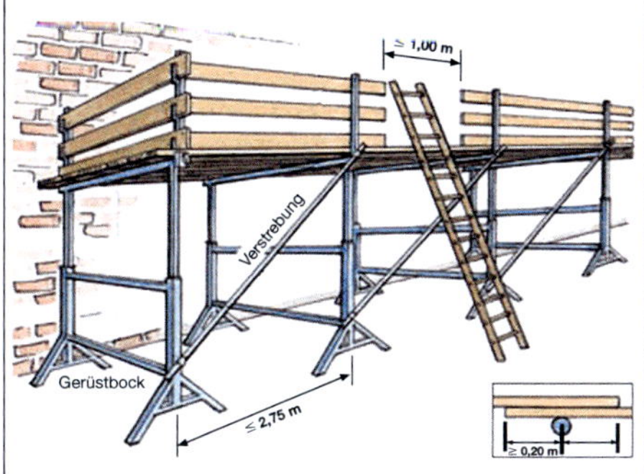

- maximale Belaghöhe: 4 m
- ab Belaghöhe von 2 m verstreben
- Bohlen als Belag müssen ≥ 3 cm dick sein, Sortierklasse S10/MS10
- ab einer Belaghöhe von 2 m ist ein 3-teiliger Seitenschutz erforderlich
- Der Geländerholm muss ≥ 1 m über dem Gerüstbelag angebracht werden
- Lasten sind gleichmäßig zu verteilen
- zum Aufsteigen Leitern bzw. Leitergänge benutzen
- vor Nutzung auf Sicherheit prüfen

Fassadengerüste

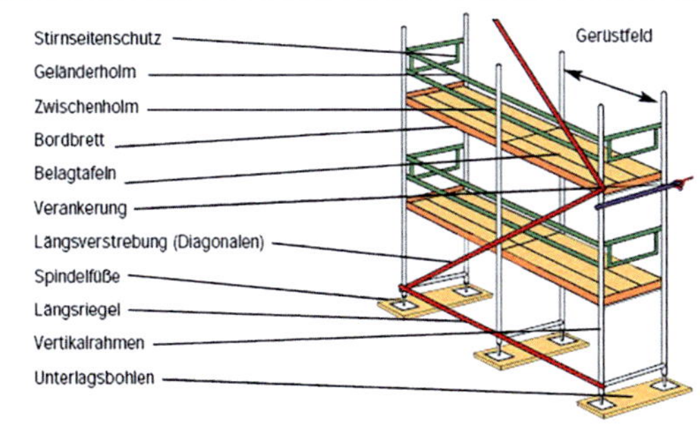

An der Innenseite des Gerüstes darf der Abstand zwischen Belag und Bauwerk höchstens 30 cm betragen

Leitern und Gerüste

Gerüstklassen

Breitenklassen für Gerüstlagen	
Breitenklasse	**W in m**
W06	0,6 bis < 0,9
W09	0,9 bis < 1,2
W12	1,2 bis < 1,5
W15	1,5 bis < 1,8
W18	1,8 bis < 2,1
W21	2,1 bis < 2,4
W24	≥ 2,4

Lastklassen für Gerüstlagen (Verkehrslasten)		
Lastklasse	**gleichmäßig verteilte Last kN/m²**	**Teilflächenlast kN/m²**
1	0,75	–
2	1,5	–
3	2,0	–
4	3,0	5,0
5	4,5	7,5
6	6,0	10,0

Einsatzgebiete der Arbeitsgerüste

Lastklasse 1	nur für Inspektionstätigkeiten
Lastklasse 2	nur für Arbeiten, die kein Lagern von Baustoffen und Bauteilen erfordern
Lastklasse 3	nur für Arbeiten, bei denen die Belastung aus Personen und Materialien die gleichmäßig verteilte Verkehrslast von 2,0 kN/m² nicht überschreitet
Lastklassen 4, 5 und 6	für Arbeiten, bei denen Baustoffe oder Bauteile auf dem Gerüstbelag abgesetzt oder gelagert werden. Hierbei ist mindestens Breitenklasse W09 erforderlich

Umgang mit Mineralwolle-Dämmstoffen

Mineralwolle nach 2000 eingebaut	• nach Gefahrstoff-VO unbedenklich (frei von Krebsverdacht) • gute Durchlüftung des Arbeitsplatzes, starke Staubentwicklung vermeiden • Halbmaske mit Partikelfilter P1 benutzen
Mineralwolle vor 2000 eingebaut	• darf nicht mehr verwendet werden • Beim Ausbauen und Entsorgen besteht grundsätzlich Krebsverdacht • Je nach Expositionskategorie (Staubbelastung) Atemschutzmaske mit P2-Filter, Filtergerät mit Gebläse, Schutzanzug, Schutzbrille • Abfälle staubdicht verpacken, kennzeichnen und in geschlossenen Behältnissen (Big-Bags) entsorgen

Erste-Hilfe-Einrichtungen auf Baustellen						
Erforderliches Personal und Material	**Bei einer Anzahl der Beschäftigten**					
	bis 10	bis 20	21	30	40	51
Melde-Einrichtung (Telefon, Funk)	×	×	×	×	×	×
Aushang „Erste Hilfe“	×	×	×	×	×	×
Krankentrage			×	×	×	×
Sanitätsraum						×
Verbandkasten C[1)] (klein) – DIN 1315	1					
Verbandkasten E[1)] (groß)[2)] – DIN 13169		1	1	1	1	2
Ersthelfer	1[3)]	1	2	3	4	5
Verbandbuch/Meldeblock	×	×	×	×	×	×

Prüfung von Arbeitsmitteln durch den Benutzer

Arbeitsmittel vor dem Einsatz z. B. auf
- augenscheinliche Mängel,
- auf Funktion der Sicherheitseinrichtungen prüfen.

[1)] Nach Benutzung wieder auffüllen
[2)] Zwei kleine Verbandkästen erstetzen einen großen Verbandkasten
[3)] Bei 2–10 Beschäftigten

GHS-Gefahrensymbole			
GHS-Gefahrenpiktogramm	**GHS-Kürzel**	**Mögliche Signalwörter**	**Gefährdungsklassen**
	GHS01	Gefahr oder Achtung	Explosive Stoffe/Gemische und Erzeugnisse mit Explosivstoff, selbstzersetzliche Stoffe/ Gemische, organische Peroxide
	GHS02	Gefahr oder Achtung	Selbstzersetzliche Stoffe/Gemische, organische Peroxide, entzündbare Gase, Aerosole, Flüssigkeiten, Feststoffe, selbsterhitzungsfähige Stoffe/Gemische, pyrophore Flüssigkeiten und Feststoffe, Stoffe/Gemische, die bei Berührung mit Wasser entzündbare Gase bilden
	GHS03	Gefahr oder Achtung	Oxidierende Gase, Flüssigkeiten, Feststoffe
	GHS04	Achtung	Verdichtete, verflüssigte, gelöste und tiefgekühlt verflüssigte Gase
	GHS05	Gefahr oder Achtung	Verätzung der Haut, schwere Augenschäden, auch metallkorrosive Eigenschaften
	GHS06	Gefahr	Äußerst schwere und schwere akute Gesundheitsschäden oder Tod
	GHS07	Achtung	Akute Gesundheitsschäden, Reizung der Haut, der Augen und der Atemwege, Sensibilisierung der Haut, narkotisierende Wirkungen
	GHS08	Gefahr oder Achtung	Chronische Gesundheitsschäden (Organschädigungen) bei einmaliger oder mehrmaliger Exposition, krebserzeugende, erbgutverändernde und fortpflanzungsgefährdende Wirkungen, Lungenschäden durch Eindringen von Substanzen in die Lunge (Aspirationsgefahr), Sensibilisierung der Atemwege
	GHS09	Achtung oder Signalwort	Giftig für Wasserorganismen mit kurz- und langfristiger Wirkung

GHS-Gefahrensymbole	
Symbole auf elektrischen Betriebsmitteln	
	Gefährliche elektrische Spannung
	Schutzisoliert (Schutzklasse II)
 III	Schutzkleinspannung (Schutzklasse III)
	Trenntransformator (Schutztrennung)
 Ex	Explosionsgeschützte, baumustergeprüfte Betriebsmittel
	Für rauen Betrieb
	Staubgeschützt
	Regengeschützt (Sprühwassergeschützt)
	Spritzwassergeschützt
	Strahlwassergeschützt

Skizze	Formelzeichen	Größe	Einheit	Formel

Skizze	Formelzeichen	Größe	Einheit	Formel

R

S

T

U

V

W

Z

Quellen:
BG Bau, Berlin
DEGA Deutsche Gesellschaft für Akustik e.V., Berlin
Knauf Gips KG, Iphofen
OWA Odenwald Faserplattenwerk GmbH, Amorbach
Promat GmbH, Ratingen
Rainer Nörthen, Dortmund
Manfred Holub, Augsburg